우리 물고기의

생물다양성 탐구

한국과학기술한림원

- 과학기술에 전문적 경륜과 식견을 가진 석학들을 회원으로 엄선, 각 부문별 전문성을 효율적으로 활용함으로써 국가 과학기술의 진흥과 창달에 기여하기 위해 1994년에 설립되었습니다.
- 2005년 기초과학연구진흥법 제11조(한국과학기술한림원의 설립 등)에 의거 법정기구화되었습니다.
- 독립성, 자율성 및 전문성을 바탕으로 하는 순수 민간 과학아카데미로, 편견 없는 대정부 정책자문을 통해 올바른 과학기술정책의 수립을 유도하고 있으며, 범부처적 국가 과학기술정책에 대한 자문과 건의를 통한 과학기술발전의 장기적 비전을 제시하고 있습니다.
- 우리나라의 과학기술 선진국 진입을 위한 기초 과학기술 진흥사업을 수행하고 있으며, 외국 한림원 및 과학기술 국제기구 등과의 학술교류를 통해 과학기술 민간외교의 중심체 역할을 담당하고 있습니다.

우리 물고기의 생물다양성 탐구

1판 1쇄 펴냄 | 2021년 11월 25일

지은이 | 김익수
발행인 | 김지영
발행처 | 자유아카데미
등록 | 제 406-2003-017호, 1980. 7. 12

주소 | 경기도 파주시 회동길 37-42 파주출판도시
전화 | 031-955-1321
팩스 | 031-955-1322
홈페이지 | www.freeaca.com
전자우편 | main@freeaca.com(대표)
editor@freeaca.com(편집)
crm@freeaca.com(영업)

ISBN 979-11-5808-326-7 93490

한국과학기술한림원 『석학, 과학기술을 말하다』 시리즈 41

우리 물고기의 생물다양성 탐구

김익수 지음

자유아카데미

머리말

대학에서 생물학을 전공하는 동안 저자는 동물생태학 분야에 관심을 가지며 우리나라의 물고기를 조사하였다. 그리고 그 과정에서 물고기의 종마다 그들의 형태와 생태, 유전적 변이가 서로 다르게 나타나는 특성들을 발견하였다. 저자는 이러한 생물다양성이 우리나라의 자연환경에서 만들어진 소중한 자연유산이자, 동시에 인류의 생존을 지속시키는 유전자원이라고 생각한다. 다시 말해 경제적, 생태적으로 가치가 높은 생물다양성은 국가적인 보물로 여겨 오래도록 보존해야 할 필요가 있다.

그러나 20세기 후반에 들어서면서 산업의 발달과 개발로 인한 환경오염이 심해졌고, 생물들의 자연 서식처는 크게 훼손되고 말았다. 그 결과 생물다양성은 현저하게 감소하였으며, 인류를 비롯한 모든 생태계의 구성원들은 생존마저 위협받는 생태적 위기와 기후변화 위기에 직면하게 되었다.

사람들에게 즐거움과 관상의 대상이자, 소중한 식품으로 오랫동안 생명공동체를 이루어 왔던 물고기 역시 이러한 위기에서 벗어나 있지 않다. 그렇기에 저자는 미래세대의 주인인 청소년은 물론 생물다양성에 대해 잘 알지 못했던 독자들 역시 우리나라의 물고기와 생물다양성에 관해 쉽게 이해하고, 우리의 자연사와 생태를 되짚어보며 또 내다보기를 바라면서 이 책을 집필하였다. 이 책을 읽고 지금부터라도 독자들이 생물다양성과 서식처 보존을 위해 함께 노력하고, 이 시대의 큰 문제를 해결할 방안을 찾을 수 있기를 간절히 바란다.

1장에서는 생물다양성을 이해하기 위하여 생태계의 구성과 역할을 알아보았다. 그리고 수중 생태계를 대표하는 물고기의 형태와 분류 개념, 다양한 서식처 및 우리나라 담수어류의 분포 유래와 연구 기록을 살펴보았다.

2장에서는 진기한 생활습성을 가졌다고 알려진 연어, 뱀장어, 어름치, 열목어, 큰가시고기, 말뚝망둥어, 버들붕어의 생태와 생활사에 관해 서술하였으며, 3장에서는 한반도의 귀중한 자연유산이자 우리나라의 고유종인 쉬리, 어름치, 감돌고기, 꺽지, 납자루아과 어류, 퉁가리속 어류, 자생종인 송사리와 좀구굴치의 자연사와 연구 배경 등을 간추려 보았다. 4장에서는 사람들에게 아름다움과 친근감을 전해주는 쏘가리, 은어, 황복, 메기, 미꾸리, 잉어와 붕어, 피라미, 갈겨니, 참갈겨니의 형태와 생태, 그리고 우리 일상생활과 관련된 내용을 살펴보았다.

5장에서는 저자가 물고기 연구를 시작한 동기와 물고기의 반문 변이에 대한 호기심에서 출발한 연구로 처음 찾아낸 신종 어류인 참종개, 왕종개, 부안종개, 미호종개, 좀수수치의 탐구 과정과 관련된 이야기를 정리하였다. 그리고 6장에서는 낙동강에서 찾아낸 기름종개-왕종개 암컷 잡종집단의 신기한 잡종 생식 방법을 국제학회에 보고한 내용을 기록하였으며, 공동연구를 통해 발표한 신종 동방종개, 북방종개, 기름종개, 줄종개, 얼룩새코미꾸리의 조사 내용 역시 기재하였다. 더불어 분자생물학적 연구로 우리 물고기의 분류 문제점을 검토하여 새로운 체계로 제시하고, 미꾸리과 어류의 분자유전학적 연구에 근거하여 분화연대를 추정한 논문의 내용을 요약하였다. 아울러 지리적 분단분포와 종분화 이론을 적용하여 그들의 계통 관계를 정리하였다.

7장에서는 우리나라의 담수어류가 처한 멸종위기의 현황과 그 원인을 알아보고, 4대강 사업으로 인한 어류의 다양성 손실과 문제점, 그리고 남아 있는 생물다양성의 보고寶庫인 자연 습지와 갯벌 보존의 중요성을 설명하였다. 마지막으로는 국외의 대형 댐 운영 사례와 복원에 관한 내용을 살펴보면서, 오염과 개발로 죽어가던 전주천을 쉬리가 살 수 있는 하천으로 재자연화시킨 사례를 소개하고 생태적 위기를 극복하는 방안을 생각하였다.

저자는 독자들에게 우리나라 물고기의 자연사적 배경과 신비스러운 생태, 그리고 흥미로운 생활습성에 관한 이야기를 쉽고 재미있게 전하고자 노력하였다. 하지만 다소 복잡해 보이는 연구결과들을 서술하는 과정에서 어려움을 느끼는 독자들이 있을 수도 있다. 이 부분은 독자 여러분의 너그러운 양해를 구한다.

우리나라의 다양한 어류 가운데 18 신종과 그와 관련된 새로운 사실을 찾아 발표할 수 있었던 것은 그동안 공동연구자들과 대학원생들의 지원과 도움이 있었기에 가능하였다고 생각한다. 이에 생물학 연구자로서 기쁨과 보람을 그들과 함께 나누면서 크게 감사드린다.

과학기술 도서의 보급을 위한 회원학술지원사업으로 이 책의 발간을 지원해준 한국과학기술한림원 한민구 원장님과 관계자 여러분, 그리고 출판을 위해 수고해준 자유아카데미 관계자분들께 감사를 표한다. 그리고 신종 미꾸리과 어류의 그림을 그려준 군산대학교 최윤 교수님과 원고 작성과 관련된 많은 자료를 제공해준 전북대학교 박종영 교수님, 고수생태연구소 소장 고명훈 박사님께 감사하며, 미비한 원고를 읽고 다듬어준 전 국립수산과학원 중앙내수면연구소 소장 강언종 박사님, 국립중앙과학관 홍양기 박사님께 감사드린다. 더불어 옆에서 커다란 버팀목이 되어준 아내 박성숙 권사와 가족 모두에게 고마운 마음을 전하며, 마지막으로 어려운 여건 가운데서도 오늘날 여기까지 나를 인도해주신 하나님께 깊은 감사를 드린다.

2021년 11월

김익수

차례

3장 자연유산 우리 물고기 생물학 노트

4장 아름다움과 친근감을 주는 우리 물고기

5장 나의 어류 탐구 이야기

6장 한반도 미꾸리과 어류의 생물다양성 연구

7장 생태적 위기에 처한 우리 물고기 살리기

1장

생물다양성과 어류의 세계

생태계와 생물다양성

모든 생물과 그들이 사는 환경이 상호작용을 하여 에너지와 물질이 이동하는 시스템을 생태계라고 한다. 생태계 안에 있는 다양한 생물의 종류는 물질을 생산하고 소비하며 분해하는 역할을 하면서 에너지를 이용하고 전달하는 일을 한다.

생태계의 구조와 기능

생태계ecosystem란 햇빛, 대기, 물, 토양, 무기물, 기후 등과 같은 무생물적인 환경 요인과 햇빛을 이용하여 유기물을 생성하는 식물과 같은 생산자producer와 유기물 및 동식물로부터 에너지를 섭취하는 동물인 소비자consumer 그리고 유기물을 무기물로 분해하는 세균과 곰팡이와 같은 분해자decomposer 등 생물적 요인으로 구성된 시스템이다(그림 1.1).

생태계에서 에너지는 햇빛으로부터 식물체(생산자) 잎의 엽록체에서 유기물로 합성된다. 그리고 이것을 근원으로 하여 1차 소비자인 초식동

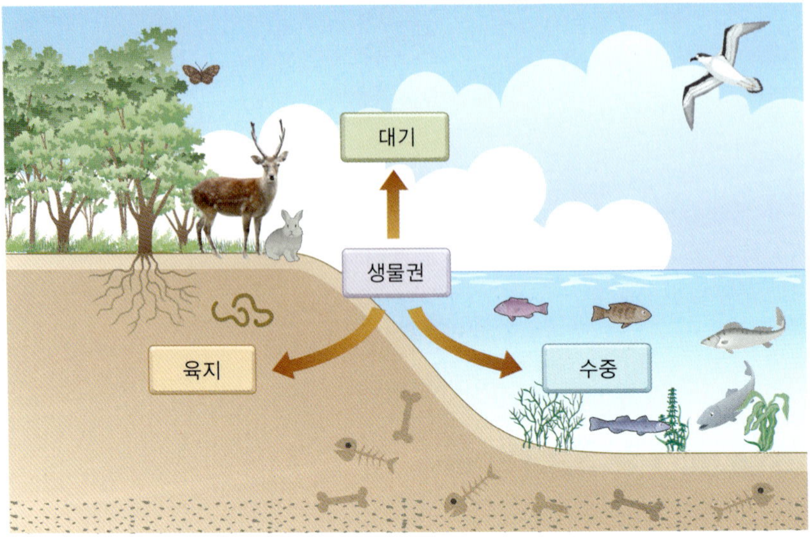

그림 1.1 생태계의 구조

물은 식물을 먹고, 2차 소비자인 육식동물은 초식동물을 먹으며, 3차 소비자인 상위 육식동물은 육식동물을 먹는 과정으로 에너지는 일방적으로 흐른다. 생물의 몸속에 있는 유기물의 건조 중량을 생물량biomass이라고 하는데, 생물량이 한 영양단계에서 다음 단계로 전달되는 사용 가능한 에너지 비율을 생태적 효율이라고 한다. 예를 들어 에너지 보존의 법칙과 같이 태양에서 1,000단위의 에너지가 생산자인 녹색식물의 잎에 들어오면 1단위 에너지가 유기물로 합성되고 999단위는 열로 발산된다. 이 효율은 생태계에 따라 2~40% 범위에 있으나 60~98%는 열이나 호흡 에너지 상태로 소실하며 보통 10% 정도가 다음 영양단계로 전달된다. 그러나 자연 상태에서 나타나는 먹고 먹히는 관계를 그림으로 나타내면 먹이 사슬food chain처럼 일렬로 이어지지 않고 그물 모양으로 보이므로

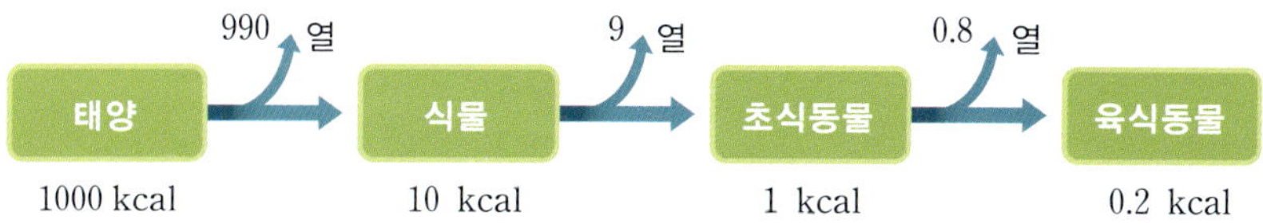

그림 1.2 생태계의 에너지 흐름

먹이망food web이라고도 한다(그림 1.2).

한편, 생물의 몸을 구성하는 세포는 여러 가지 화학원소인 무기물질을 탄수화물, 지방, 단백질과 같은 유기물로 합성하여 조직과 기관 등을 이룬다. 만일 대사활동으로 생명체를 유지하다가 죽으면 분해자인 세균과 곰팡이 등의 분해자 작용으로 다시 화학원소의 상태로 환경(토양, 물, 대기)으로 배출되었나가 다시 생물체로 이용되어 순환한다. 생물체에 필요한 원소나 용해성 염류는 대영양소macronutrient와 미소영양소micronutrient로 크게 구분할 수 있다. 세포 원형질의 중요한 구성물질인 탄소, 수소, 산소, 질소, 마그네슘, 유황, 인 등은 대영양소이고 철, 망간, 구리, 아연, 붕소, 나트륨, 몰리브덴, 염소, 바나듐, 코발트 등은 미소영양소이다.

대기에는 산소가 21%, 이산화 탄소는 0.03%가 있다. 이산화 탄소는 생물체의 유기물 생성에 매우 중요한 성분인데 동식물의 호흡작용으로 배출되고, 산소는 동식물의 에너지 대사작용에 직접 요구된다. 식물체의 유기물 합성에 사용된 이산화 탄소는 1차 소비자인 초식동물 혹은 2차 소비자인 동물 세포 원형질로 구성되어 역시 호흡작용으로 배출된다. 그리고 동식물이 죽으면 사체로 분해된 후, 다시 대기와 수중으로 분해되어 방출된다. 또한 공장이나 자동차 등에 사용하는 화석연료도

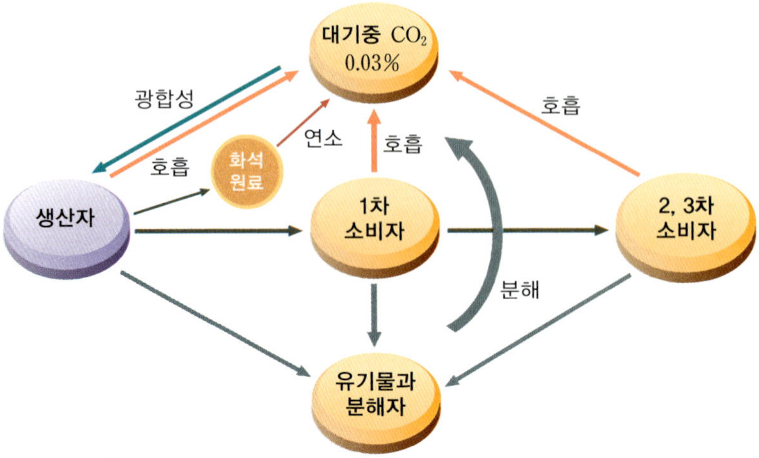

그림 1.3 탄소의 순환

과거 지질시대 생산자인 식물이 이산화 탄소 등을 흡수하여 생성되었기 때문에, 화석연료 사용 증가로 대기 중 이산화 탄소 농도가 증가하면서 지구 온난화의 원인이 되고 있다(그림 1.3). 한편, 대기의 79%를 차지하는 질소는 단백질의 주요 성분이지만 모든 동식물이 직접 이용하지는 못하고, 콩과식물의 뿌리에 있는 뿌리혹 박테리아나 남세균인 미생물이 질소를 이용하여 단백질을 만들어 생태계를 순환한다.

이와 같이 생태계는 태양 에너지로부터 식물체인 생산자를 통하여 동물인 소비자로 일방적으로 이동하지만, 물질인 화학원소는 대기, 물, 토양 등의 자연환경과 식물, 동물들의 몸속을 순환하면서 이동하기 때문에 그 기능이 중단하면 모든 동식물의 생존도 불가능해진다.

생태계의 환경조절

생명체는 물리적 환경에 적응할 뿐만 아니라 생물들의 대사작용으로 지구 환경을 변화시킨다는 생각을 가지고, 영국의 대기과학자인 러브록James Lovelock은 미생물학자인 마굴리스Lynn Margulis와 공동연구하여 1979년에 가이아의 가설Gaia hypothesis을 발표하였다. 초기의 지구는 지금의 금성이나 화성의 대기 환경처럼 대부분이 이산화 탄소로 덮여있고 산소는 흔적뿐인 상태였었다. 하지만 원시 지구에서 미생물이 엽록소를 통해 처음으로 광합성을 하여 대기와 수중에 있는 이산화 탄소를 흡수하고 산소를 배출하였다. 이에 따라 지구는 이산화 탄소가 0.03% 정도로 현저히 감소하고 산소는 21%로 증가하면서 동식물이 살기에 알맞은 대기 환경이 이루어졌고 그 결과, 현재 지구는 금성이나 화성과는 전혀 다른 환경이 되었다(표 1.1).

표 1.1에서 보는 바와 같이 화성과 금성은 탄산가스가 95~98%이고, 지구는 0.03%이다. 화성과 금성의 산소는 극미량이거나 0.13%인데 비하여 지구는 21%이다. 그리고 화성의 표면 평균 온도는 −53℃, 금성은

표 1.1 행성 대기의 물리, 화학적 조성의 비교(Lovelock, 1979)

성분	금성	지구	화성
이산화 탄소(%)	98	0.03	95
질소(%)	1.9	79	2.7
산소(%)	극미량	21	0.13
표면 평균 온도(℃)	477	13	−53
대기 압력(기압)	90	1	0.0064

477℃인데 비하여 지구는 평균 14℃로 현저한 차이를 보인다. 이것은 지구에 있는 생명체들이 생태계를 이루어 지구의 대기 환경을 조절하고 있기 때문이다.

생물들이 사는 환경을 크게 육상생태계와 수생태계로 나눌 수 있다. 육상생태계는 기후와 식물의 생활형에 따라 열대, 온대, 한대, 그리고 사막, 초지, 관목, 삼림 등으로 구분하고, 수생태계는 물속에 포함되는 염도에 따라 해양생태계와 담수생태계로 구분한다. 지구 전체 표면에는 염분이 포함된 바닷물이 70.8%, 육지가 28.4%, 강과 호수와 같은 민물은 오직 0.8%의 면적을 차지하고 있지만, 사람들의 생활용수 농업 및 산업용수 등으로 공급되는 물은 0.01%로 매우 적다.

쿠드라Reaka Kudla, 1997는 그 당시까지 기재된 전체 생물종 수를 186만 8천 종으로 추산하고 육지, 바다의 표면적(%)과 생물종 수(%), 면적당 생물종 수의 풍부도를 비교하면서(표 1.2), 담수 환경이 육상이나 바다보다도 면적당 훨씬 많은 생물종이 출현한다고 보고하였는데, 이것은 담수 환경의 서식처 조건이 다양하기 때문이다.

표 1.2 지구 환경 종 수의 풍부도

환경	지구표면적(%)	알려진 생물종 수(%)	상대종 풍부도 비율 종 수(%)/면적(%)
담수	0.8	2.4	3.0
육지	28.4	77.5	2.7
바다	70.8	14.7	0.2
공생	모름	5.3	모름

생물다양성과 보존의 중요성

1992년, 브라질 리우데자네이루에서 개최된 유엔인간환경회의는 자연환경이 계속 파괴되면서 인류의 생존도 위험에 이르게 되었다는 점을 인식하여 '환경적으로 건전하고 지속 가능한 개발Environmentally Sound and Sustainable Development'이란 주제를 바탕으로 이루어졌다. 이 회의는 구체적인 실천방안으로 생물다양성협약Convention on Biological Diversity을 제안하며 동시에 기후변화협약, 삼림보존 원칙, 그리고 의제 21을 제안하였다.

생물다양성이란 생물의 종species, 유전자gene, 생태계ecosystem의 종류가 많고 적음을 말한다. 현재 전 세계에 알려진 생물종은 180만여 종 이상으로 알려졌지만, 과학적으로 아식 발견되지 않는 종까지 포함하면 약 300만~1,000만 종 이상이 존재하는 것으로 추정하고 있다. 그리고 단일 종의 개체나 집단이 가진 다양한 변이는 그들 자손의 형태와 적응에 다른 모습으로 나타나며, 생물종마다 그들이 사는 환경조건이 같지 않고 다르거나 적응하는 과정도 다르다.

이와 같은 생물다양성은 인간의 생명을 유지하고 지속시키는 생물학적 자본으로, 다음과 같은 중요한 의미를 포함하고 있다. 첫째, 생물의 다양한 종은 인류의 의식주 생활에 필요한 직접적인 재료로서 일상생활을 지탱시키는 중요한 자원이다. 둘째, 인류가 사용하는 공산품이나 의약품의 모든 원료도 모두 동식물과 미생물의 종이 제공한다. 셋째, 생물종들은 자연 생태계에서 생산과 소비와 분해 과정을 통하여 에너지가 흐르게 하고, 물질을 순환하게 하는 일을 수행하면서 대기, 물, 토양 및 기후조건 등의 평형을 유지하게 한다. 또한 사람들에게는 쾌적한 환경을 제공하고 다른 생물들에게는 물과 양분과 서식공간을 제공하여 부양하고 있다. 넷째, 다양한 동식물의 종은 아름다운 자연환경을 이루어 사람들에게 심미감과 정서적 안정감을 제공하고 있다. 다섯째, 오랜 세월에 걸쳐 형성된 생물종들의 형태, 생리, 발생, 유전 등의 독특한 특성은 학술적으로 매우 귀중한 자원이다.

생태계에 사는 여러 가지 많은 생물 종류들은 다양한 서식처에서 생산, 섭식, 분해 등의 다른 생태적 기능을 하면서 생태계의 안정성을 지속시키기 때문에 생물다양성 보존은 인류의 지속적인 삶에 매우 중요하다.

어류는 어떤 동물인가?

어류는 물속에서만 사는 척추동물이다

어류는 육상에서 공기를 이용하여 허파로 호흡하는 양서류, 파충류, 조류, 포유류와 다르게 물속에서 아가미로 호흡하고 지느러미로 이동하며 사는 척추동물vertebrate이다. 어류는 대기에 비해 1/20 정도로 아주 소량으로 녹아있는 물속의 산소를 효율적으로 흡수하기 위하여 좌우 4쌍의 아가미gill로 호흡한다. 그리고 지느러미를 이용하여 물속에서 이동하면서, 피부에 있는 단단한 비늘의 엷고 투명한 표피층에 점액을 분비하여, 균 감염을 방지하고 피부 아래에 있는 근육을 보호한다.

어류는 머리, 몸통, 꼬리와 지느러미로 구분한다. 머리에는 입, 눈, 비공, 아가미뚜껑鰓蓋, 입수염이 있다. 몸통은 새공에서 총배설강까지 부분이고, 꼬리는 총배설공에서 꼬리지느러미 기부까지이다. 지느러미는 수

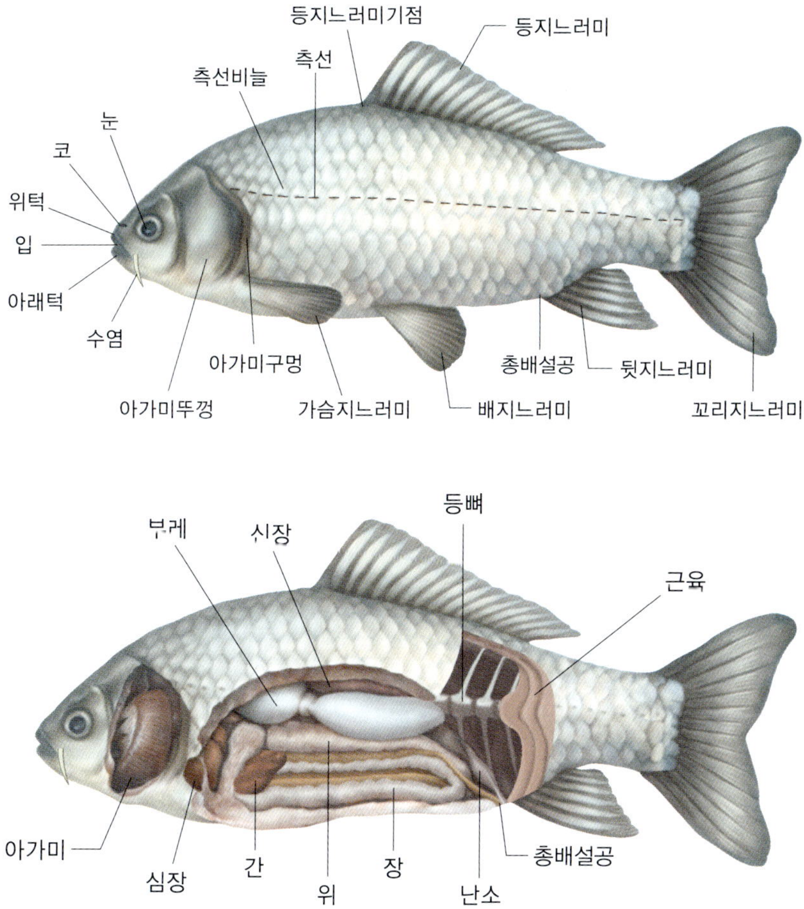

그림 1.4 어류의 외부 형태와 내부 형태

직 방향의 1개로 된 등지느러미와 뒷지느러미, 꼬리지느러미가 있고 좌우 1쌍으로 된 가슴지느러미와 배지느러미가 있다. 지느러미에는 기조鰭條, fin ray와 기조막fin membrane이 있고 기조에도 가시 모양으로 말단이 하나로 뾰족한 극조棘條, spinous ray와 말단이 둘로 갈라진 연조軟條, soft ray로 되어있는데, 기조의 수는 종마다 일정하여 종을 분류하는 기준이 된다.

어류는 식도, 위, 창자를 거쳐 총배설공에 이르는 소화관과 쓸개진을 만들어 창자로 보내는 간이 있고, 이자도 소화액과 호르몬을 분비한다. 호흡기관인 아가미는 물속에 녹아있는 산소를 흡수하고 몸속에서 이산화 탄소와 물을 몸밖으로 배출한다. 입안으로 들어온 물은 아가미의 새엽gill filament 위쪽에 있는 새판gill lamellae 사이를 지나는 동안 새판에 있는 모세혈관을 통하여 가스교환이 이루어진다. 대부분 어류는 체강의 신장 바로 아래에 부침浮沈을 조절하는 부레가 있다. 순환기관으로는 심장, 동맥, 정맥 및 모세혈관이 있고, 주 배설과 삼투 조절기관으로 신장은 총배설강으로 이어진다. 생식기관으로 정소와 난소가 있고, 신경계로서 중추부인 뇌와 척수에 말초신경계가 이어진다.

어류는 다른 사지동물과 같이 시각, 청각, 후각, 미각, 촉각을 감지하는 감각기관이 있고 어류만 가지는 측선기관이 있다. 측선계는 주로 비늘에 가느다란 구멍이 뚫려있는 작은 관으로 이어져 점액이 채워져 있는데, 주변에 촉감구가 있어 감각 신경에 연결되어 있다. 측선은 촉각, 물흐름, 압력, 수온, 및 진동 등을 감지한다.

어류의 몸에는 여러 가지 색깔과 독특한 반문이 있는데 산란기 수컷은 혼인색을 띠기도 하고, 주변 상황에 따라 위장하거나 방어 및 과시를 위한 다양한 색깔과 반문을 보이기도 한다.

어류의 계통과 다양성

어류는 약 4억 5천만 년 전인 고생대 초기에 지구에서 멸종한, 턱이 없는 갑피류ostracoderms의 조상으로부터 분화한 현생의 먹장어류와 칠성장어류, 턱을 가진 연골어류chondrichthyes 그리고 경골어류osteichthyes로 진화하여 '어류 시대'를 이루어 왔다. 이후 경골어류는 조기류actinopterygii, 철갑상어류chodrostei, 전골류holostei, 진골류teleostei로 분화하였다. 그 후 철갑상어류와 전골류는 점차 쇠퇴하였으나 5천 5백만 년 전 신생대의 시신세eocene에 진골류는 크게 번성하면서, 유영능력이 커지고 섭식과 아가미의 환수기능이 효과적으로 발달하였다. 또한 정형의 꼬리

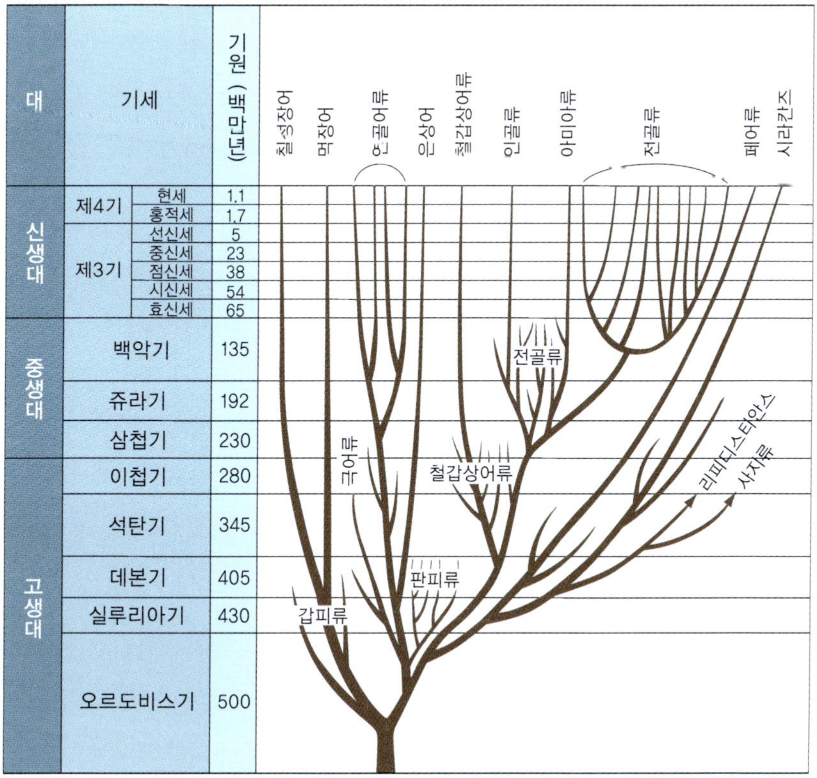

그림 1.5 어류의 계통 가상도

지느러미를 가져 현재 지구의 담수와 해수에서 진화의 절정을 이루어 가장 성공한 척추동물이 되었다(그림 1.5). 지구상에 현존하는 어류는 3만 2천여 종 이상이 알려져 있는데, 그 가운데 담수에 분포하는 잉어목Cypriniformes 어류가 13과 489속 4,205종으로 가장 다양하다(Nelson *et al.*, 2016).

어류는 종류에 따라 산란 습성이 다르다. 잉어나 붕어는 수초가 무성한 곳에 산란 수정하여 발생하고, 연어와 송어는 바다에 살다가 산란기에 강으로 올라와 자갈 바닥을 파서 산란장을 만든 후, 산란 방정하여 수정란 위에 모래와 자갈을 덮어 발생하고 부화한다. 뱀장어는 강에서 살다가 바다 깊은 곳에 내려가 산란하며, 가물치나 버들붕어는 수컷이 입으로 낸 거품과 끈적끈적한 점액을 분비하여 둥그런 거품집을 만들어 암컷을 유인하여 산란케 하고, 수컷이 방정한 후 수정된 알을 보호하여 기른다.

어류는 그들이 사는 서식지에 있는 여러 가지 작은 생물들이나 유기물을 섭식하는데, 주로 섭취하는 먹이 생물의 종류에 따라 플랑크톤 섭식 어류planktonic fish, 초식성 어류herbivorous fish, 육식성 어류carnivorous fish, 잡식성 어류omnivorous fish, 기생성 어류parasitic fish로 구분한다. 대부분 물고기는 먹이 습성도 종이나 크기에 따라 조금씩 다르다. 은어는 어릴 때 바다에 사는 동안 동물플랑크톤인 요각류를 먹지만 하천에 올라오면서 바닥에 있는 규조류나 남조류를 먹는 초식성으로 변한다. 초식성인 붕어와 같은 잉어과 어류는 인두부에 강한 인두치咽頭齒, pharyngeal teeth가 있어 먹이를 부수어 먹고, 은어는 턱에 빗모양의 이빨로 먹이를 훑어 섭취하며, 유영력이 강한 육식성 어류는 턱에 예리한 이빨이 나 있어 먹이 생물을 통째로 먹는다.

대부분의 어류 산란 시기는 봄과 여름이지만, 은어는 가을에 산란하고 송사리는 온도와 빛의 조건을 조절하면 언제나 산란한다. 산란하는 알의 수도 종류에 따라 달라서 납자루 종류는 성숙한 암컷 한 마리가 50~100여 개 알을 낳지만 대부분 미꾸리과 어류는 2,000~3000개의 알을 가지고 있고, 해산 경골어류 암컷 난소에 10,000~100,000개 이상의 알을 가지고 있다.

어류의 분류적 개념과 학명 사용

자연에서 모는 생물의 기본 단위가 되는 생물의 종species이란 무엇인가? 종이란 생물의 생식 공동체인 기본 단위로서 종개념은 오래전부터 생물학자들 사이에 서로 다른 입장으로 사용되어 왔다. 그 가운데서도 널리 사용되는 종개념은 다음과 같다. 이는 양성생식을 하는 식물이나 물속에 사는 어류를 포함하는 모든 동물에도 적용되는 개념이다.

형태적 종개념morphological species concept 생물체 외부에 나타나는 형태적 특징이 종마다 서로 명확히 구분된다고 생각하여, 공간적으로나 시간적으로 변화하지 않는 것으로 간주하는 개념이다. 그러나 자연에 흔히 보는 계절적 변이나 성장에 따른 변화나 암수 간 차이는 동일종으로 간주하지만 외형적으로 잘 구별되지 않아 이 개념을 적용하는 것은 문제가 있다. 외부 형태가 비슷하게 보여도 생식적으로 격리되는 경우 자매종姉妹種, sibling species이라고 한다.

생물학적 종개념biological species concept 한 집단이 다른 집단과 생

식적으로 격리되고 생태적으로나 유전적으로 잘 구별되는 생식 공동체를 종으로 간주하는 개념이다. 분류적 대상이 되는 표본은 죽은 개체가 대부분이어서 생식적 격리유무를 직접 판단하기가 어렵다. 따라서 큰 동물이나 미생물 혹은 화석에 대하여 이 개념을 적용하기에 어려움이 있지만, 외부 형태나 핵형 혹은 분자적 자료로 생식적 격리 여부를 추정하기도 한다.

진화적 종개념evolutionary species concept 동일한 진화적 경향과 역사성을 가지고 독립적으로 진화하는 직계 혈통을 강조하는 개념이다. 종을 구분하는 근거도 결국 화석표본을 비교하거나 분자유전적 자료를 근거하여 이 개념을 적용한다.

2020년 환경부 국가생물다양성 통계자료집 기록에 의하면 지구에 있는 생물의 종 수는 1,834,340종인데, 그 가운데 척추동물은 포유류 5,852종, 조류 10,356종, 파충류 10,233종, 양서류 6,439종, 어류 33,932종으로 보고되어 있다(국가생물다양성센터, 2020). 물고기는 척추동물 전체 종 수의 반 이상을 차지하고 있다.

지구에 사는 모든 생물은 원시 생물체로부터 다양한 환경에 적응하여 진화해온 산물로서 다양한 모양을 하고 있지만, 그 가운데서도 공통된 골격 형질을 비교하여 계통적인 유연관계를 근거해서 자연적인 분류체계가 세워졌다. 1904년, 국제동물학회에서는 스웨덴의 분류학자 린네Carl Linne, 1707~1778가 1758년에 발간한 『자연의 체계』Systema Nature 제10판을 근거하여 국제동물명명규약International Code of Zoological Nomenclature을 채택한 후, 여러 차례 수정하여 지금은 1999년에 개정판을 적용하여 동물 학명scientific name을 사용하고 있다(그림 1.6).

어류 학명은 다른 동물들과 같이 속명과 종명, 명명자, 발표연도를 이어 쓰고, 속명과 종명은 라틴어나 라틴어화하여 이탤릭체로 표기한다. 예를 들어 잉어과Cyprinidae에 해당하는 '잉어'와 어름치'의 학명은 다음과 같이 기록한다.

잉어	*Cyprinus carpio* Linnaeus, 1758
어름치	*Hemibarbus mylodon* (Berg, 1907)

'*Cyprinus*'와 '*Hemibarbus*'는 속명이고 '*carpio*'와 '*mylodon*'은 종명이다. 속명의 첫 문자는 대문자로 쓰고 종명은 모두 소문자로 표기하여 라틴어 문법에 적용한다. 명명자와 발표연도에 괄호 표시가 없는 것은 처음 발표한 학명이 바뀌지 않고 동일하게 사용하는 경우이고, 괄호

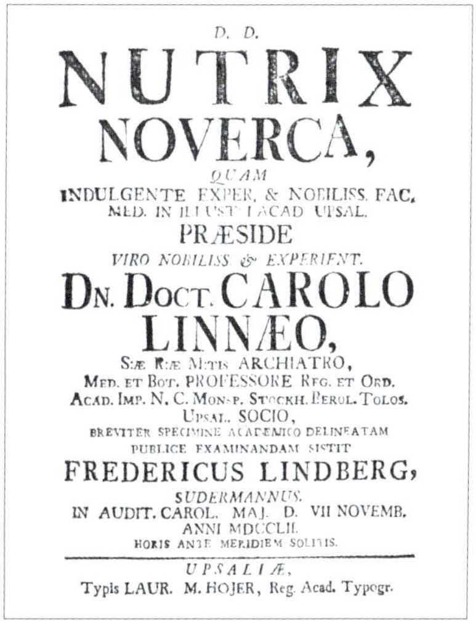
D. D.
NUTRIX
NOVERCA,
QUAM
INDULGENTE EXPER. & NOBILISS. FAC.
MED. IN ILLUST. ACAD. UPSAL.
PRÆSIDE
VIRO NOBILISS. & EXPERIENT.
DN. DOCT. CAROLO
LINNÆO,
S:Æ R:Æ M:TIS ARCHIATRO,
MED. ET BOT. PROFESSORE REG. ET ORD.
ACAD. IMP. N. C. MONSP. STOCKH. BEROL. TOLOS.
UPSAL. SOCIO,
BREVITER SPECIMINE ACADEMICO DELINEATAM
PUBLICE EXAMINANDAM SISTIT
FREDERICUS LINDBERG,
SUDERMANNUS.
IN AUDIT. CAROL. MAJ. D. VII NOVEMB.
ANNI MDCCLII.
HORIS ANTE MERIDIEM SOLITIS.
UPSALIÆ,
Typis LAUR. M. HOJER, Reg. Acad. Typogr.

그림 1.6 린네와 그의 저서

가 있는 것은 그 속명이 변경된 경우이다. 어름치는 1907년, 버그Lev Berg가 '*Barbus mylodon*' 학명을 처음으로 발표하였다. 하지만 1997년, 바나레스쿠Petru Banarescu와 날반트Teodor Nalbant는 '*Barbus*'를 다른 속명, '*Hemibarbus*'로 발표하면서 발표자의 이름과 발표연도를 괄호에 넣어 표기하였다.

하나의 종에 두 가지 이상의 학명이 사용되기도 하는데 그 경우에는 가장 먼저 발표된 학명이 국제동물명명규약의 선취권 원칙에 따라 유효하고, 나중에 발표된 학명은 동종이명synonym으로 간주된다.

아종亞種, subspecies이란 지리적으로 분포범위가 넓은 종이 형태적으로 구분되면서 지리적으로도 분리되어 분포하는 집단을 지칭하는데, 종 아래에 해당하는 아종은 삼명법으로 표기한다.

속屬, genus은 하나 혹은 그 이상의 가까운 종들로 구성된 분류상의 단위로, 다른 속들과 형태적으로 분리되는 단일 계통monophyletic이다. 과科, family는 하나의 속 혹은 근연의 속들의 집합으로 구성된 분류학적 범주이며, 다른 과들과 뚜렷한 차이로 구별된다. 그리고 과 수준 이상의 목目, order, 강綱, class, 문門, phylum, 계界, kingdom 등의 상위 분류군들은 그 한계가 속이나 과보다 뚜렷하며 안정되어 있어 변경되는 경우가 적다.

담수어류의 다양한 서식처

하천에서는 물속에 있는 무기물과 산소, 이산화 탄소, 온도, 압력, 흐름, 저질 등의 무생물적인 환경 요인과 식물플랑크톤, 규조, 녹조, 남조류 및 수서식물의 생산자와 여러 종류의 무척추동물, 물고기를 비롯한 소비자 또는 세균과 곰팡이 등의 분해자들이 에너지를 이용하고 있다. 이 과정에서 물질이 순환하면서 강 상류로부터 하류에 이르기까지 다양한 서식처마다 다양한 어류들이 살고 있다.

산골짜기에 흐르는 계류 강이 시작하는 최상류 산골짜기 사이를 흐르는 계류는 물살이 아주 빠르며 그 바닥에는 바위와 큰 돌이 깔려있다. 따라서 물길은 좁고 또한 자주 굽어지면서 폭포처럼 떨어지고 웅덩이가 만들어지는데 주변에 숲은 무성하며 물은 차고 맑다. 이곳에서는 버들치, 버들개, 금강모치, 버들가지, 미유기, 열목어, 산천어가 살면서 주로 바위나 돌에 붙어있는 부착조류나 수서곤충의 유충과 물속에 떠 있는 플랑크톤을 먹고 산다.

상·중류의 여울 강 상류와 중류의 경사진 여울부는 물이 비교적 빠르게 흐르고 바닥에는 자갈이 많이 깔려있다. 수심이 깊지 않고 물 표면에 흰 거품이 생긴다. 물이 아주 깨끗하고 산소와 햇빛의 유입량이 풍부하며 생산량이 높아 먹이 생물이 많다. 쉬리, 어름치, 배가사리, 새코미꾸리, 피라미, 참종개, 왕종개, 퉁가리, 자가사리, 꺽지, 감돌고기, 돌상어, 꾸구리, 흰수마자, 여울마자 등이 서식한다.

천천히 흐르는 비교적 깊은 중류 강폭이 넓고 수심이 깊으며 비교적 천천히 흐르고 바닥에는 자갈도 있고 모래나 펄이 쌓이기도 한다. 수역의 표층에는 식물플랑크톤이 많아 생산량이 많고 가장자리에는 검정말, 나사말, 마름, 개구리밥 등의 수서식물이 떠 있다. 강바닥에는 말조개, 두드럭조개, 재첩, 펄조개, 콩조개, 물달팽이, 다슬기가 살고 있다. 납자루와 중고기 종류는 민물조개의 몸속에 산란하여 수정·부화할 때까지 보호한다. 강 표층에는 갈겨니, 참갈겨니, 붕어, 돌고기, 납자루류, 중고기, 참중고기, 끄리가 살고 바닥 가까이에서는 모래무지, 동사리, 동자개, 기름종개, 줄종개, 미꾸리가 산다.

강폭이 넓고 수심이 깊은 하류 강폭이 매우 넓고 물흐름이 느리며 수심이 깊은 강 하류에는 바닥에 모래와 펄이 깔려있고 강 하구에서는 염분이 높아진다. 하류로 갈수록 물 투명도가 낮아 빛 에너지양이 적으므로 생산력이 감소하여, 상류에서 떠내려온 유기물 조각을 먹이로 섭취한다. 민물고기 가운데서도 염분에 저항하는 잉어, 붕어, 끄리, 눈불개, 강준치, 가물치. 참붕어, 송사리, 미꾸라지, 버들붕어가 살고 기수역에서 일시적으로 성장하는 숭어, 웅어, 전어, 농어, 양태, 학공치, 복섬, 문절망둑, 풀망둑, 주둥치 등이 산다.

물흐름이 정체된 연못과 저수지 저수지와 연못은 물흐름이 정체되고 수심은 비교적 깊다. 바닥에는 모래나 펄이 깔려있고 수초가 산다. 물속에는 식물플랑크톤과 동물플랑크톤이 풍부하고 주변에는 갈대와 부들 등 수초가 있으며 수서곤충의 유충, 새우 등의 무척추동물이 많이 서식하고 있어 양서류, 파충류, 조류, 포유류 등이 피난처로 이용한다. 각시붕어, 떡납줄갱이, 흰줄납줄개 등의 납자루류와 붕어, 떡붕어, 송사리, 버들붕어, 가물치, 미꾸라지 등이 산다.

강과 바다를 회유하는 어류 강과 바다를 회유하는 물고기는 그들이 사는 장소에 따라 강과 호수와 같이 담수역에 주로 사는 민물고기freshwater fish와 바다에 주로 사는 해산어류sea fish로 구분한다. 그러나 회유성 어류migratory fish는 바다와 강을 주기적으로 왕래하기도 한다. 회유성 어류에는 뱀장어와 같이 민물에서 성장하며 지내다가 산란을 할 때가 되면 먼바다의 깊은 곳을 찾아가는 강하성降河性, catadromous 어류와 연어와 같이 많은 기간을 바다에서 지내다가 산란기가 되면 자기가 태어난 모천母川을 찾아가는 소하성溯河性, anadromous 어류가 있다. 그리고 은어나 망둑어과 어류와 같이 산란은 담수 혹은 해수에서 하지만, 알에서 부화한 어린 새끼 상태인 자어기仔魚期에 섭식과 성장을 위해 처음 태어난 수역과 다른 수역으로 이동 후, 다시 원래의 서식지로 이동하여 성장 산란하는 양측회유성兩側回遊性, amphidromous 어류가 있다.

한반도 담수어류 분포 유래

생물종들은 그들이 출현하는 지역의 과거와 현재에 관련된 여러 가지 지질학적 사건과 생태적 조건의 상호작용으로 나타난다. 따라서 생물분포 양상은 생물지리학 연구에 매우 중요하다. 한반도는 약 1억 년 전 중생대 백악기 중엽을 전후한 시기에 융기하여 육지가 된 것으로 알려졌지만, 한반도 지세가 현재와 같은 윤곽을 갖게 된 것은 신생대 제3기 중신세Miocene 후기로 알려져 있다.

그 후 선신세Pliocene 후기로부터 현재에 이르기까지 약 200만 년 동안 지구상의 해수면이 100 m 가량 낮아졌던 빙하기와 다시 높아진 간빙기가 3~4회 있었고, 1만 1천 년 전에도 이러한 빙하기가 마지막으로 있었다. 빙하기에 해수면이 낮아지면서 황해와 동중국 연안에 고황하古黃河가 만들어져 한반도와 일본 서남부의 여러 하천이 담수로 연결되었고, 동해는 고古아무르강이 유입되어 담수호가 되어 두만강과 한반도 동해 연안으로 유입하는 여러 하천이 연결되었다고 추정한다(그림 1.7).

신생대 제3기 말 선신세 후기 해퇴기海退期에 한반도가 고황하와 연결되는 동안 중국 대륙 남부 수계에 살던 잉어, 붕어, 모래무지, 강준치, 버들치, 미꾸리, 종개, 쌀미꾸리, 메기 등과 같은 민물고기가 한반도와 일본의 하천에 들어와 살기 시작하였다. 시베리아에 서식하던 북방계 어류인 버들개와 연준모치 등은 고아무르강古Amur河에서 한반도 동북부 하천으로 들어왔다고 알려져 있다(Lindberg, 1972).

그리고 태백산맥은 이보다 먼저 형성되어 동서 간 장벽을 이루었는데, 이후 간빙기의 해침海侵으로 황해와 동해가 다시 바다를 이루게 된다. 그래서 한반도 여러 하천이 고황하와 고아무르 수계가 단절되었고,

그림 1.7
선신세 후기의 동아시아 하천 및 해안선(Nishimura, 1974)

이전에 한반도에 분포하던 민물고기 일부 종들은 새로운 서식 환경에 적응하게 된다. 이 과정에서 많은 한국 고유종endemic species이 형성되었다고 추정한다.

모리森為三는 한반도 담수어류 지리적 분포를 논의하면서 한반도는 구북구Paleoarctic Region의 중국 아구China Subregion와 시베리아 아구Siberian Subregion에 해당한다고 하였다(그림 1.8). 그 후 국내 연구자들은 태백-소백산맥의 분수령과 고황하와 고아무르강의 영향에 의한 한반도 담수어류 지리적 분포구역을 한반도 고유종 분포에 근거하여 그림 1.9와 같이 서한아지역West Korea Subdistrict, 남한아지역South Korea Subdistrict, 그리고 동북한아지역Eastnorth Korea Subdistrict으로 구분하였다(최기철, 1973; 전상린, 1980; 김익수, 1997).

서한아지역은 한반도 서부 대부분을 차지하는 지역으로 압록강, 청천강, 대동강, 제령강, 임진강, 한강, 금강, 만경강, 동진강이 포함된다. 이 수역에 분포하는 한국 고유종은 칠성말배꼽, 서호납줄갱이, 묵납자루, 한강납줄개, 어름치, 쉬리, 감돌고기, 가는돌고기, 배가사리, 압록자그사니, 금강모치, 꾸구리, 돌상어, 미호종개, 참종개, 부안종개, 새코미꾸리, 퉁가리 등 17종이고 눈불개, 살치, 대농갱이, 케톱치, 두우쟁이, 야레, 종어, 밀자개, 대륙송사리, 대륙종개 등 10종은 중국 대륙과 공통으로 분포한다.

남한아수역에는 태백-소백-노령산맥 분수령 동남부에 해당하는 수역으로 낙동강, 섬진강, 영산강, 탐진강 수계와 동해안 남부 연안으로 유입하는 하천이 포함된다. 이 수역에 분포하는 한국 고유종 물고기는 참쉬리, 여울마자, 임실납자루, 큰줄납자루, 점몰개, 기름종개, 줄종개, 왕종

그림 1.8
동아시아 담수어류의 지리적 구분(Mori, 1936)

그림 1.9
한반도 담수어류 분포 구계(김익수, 1997)

개, 남방종개, 동방종개, 얼룩새코미꾸리, 수수미꾸리, 좀수수치, 섬진자가사리, 동방자가사리 등 15종이며 남방동사리, 꺽저기, 송사리 등 3종은 일본과 공통으로 분포한다.

동북한아지역은 강릉 이북의 동해안 연안으로 유입하는 강릉남대천, 연곡천, 양양남대천, 간성북천과 북한 하천 수역인데, 여기에 분포하는 한국 고유어류는 버들가지, 북방종개, 두만강자그사니, 부포미꾸라지 등 4종이고 버들개, 동버들개, 청가시고기, 두만가시고기, 종개 등 4종은 시베리아 동부연안으로 유입하는 수계와 일본 북해도 담수역에 공통으로 분포한다.

우리나라 어류 연구기록

우리나라 어류에 관한 가장 오래된 기록인 1424~1425년(세종 67년) 하연이 펴낸 『경상도 지리지-토산부』에서 물고기 21종의 이름과 산지를 볼 수 있다. 1530년(중종 25년) 이행이 편찬한 『신증동국여지승람-토산부』에서도 어류 46종 이름과 산지가 기록되어 있다. 1611년(광해군 3년) 허준은 『동의보감』의 본초강목에 어류 10여 종의 이름과 약 성분을 기록하였고, 이수광은 1614년(광해군 6년) 『지봉유설』에 어류 10종에 관한 내용을 기록하였으며 그 후에도 『재물보』, 『물명고』, 『명물기략』 등의 저술에 어류에 관련한 내용을 기술하였다.

어류에 대한 기록 가운데 가장 주목받은 책은 200여 년 전 1814년(순조 14년), 정약전鄭若銓(1758~1816)의 『자산어보』와 서유구(1764~1845)의 『임원

경제지-전어지』. 그리고 김려金鑢(1762~1821)의 『우해이어보』(1803)이다.

정약전은 중광문과에 급제하여 병조좌랑을 역임하였고, 당시 서양 학문과 천주교 사상을 접하고 있던 이벽의 영향을 받아 천주교 신자가 되었다. 그 후 1801년(순조 1년) 신유사옥으로 흑산도에 유배되어 섬에 사는 청소년들을 가르치며 저술 활동을 하는 중, 흑산도 근해에 사는 물고기 101종을 포함한 해산 동식물 226종의 이름, 형태, 생태 및 이용을 『자산어보』에 상세하게 기록하였다(그림 1.10).

『자산어보』는 모두 3권인데, 제1권은 인류鱗類(비늘을 가진 어류), 제2권은 무인류無鱗類(비늘이 없는 어류)와 개류介類(단단한 껍질을 가진 어류), 제3권은 잡류雜類(기타 해양무척추동물)로 구성되었다. 서술은 생물 명칭, 속명, 크기, 형태, 색, 외형적 특징, 생태, 맛, 먹는 방법, 어획 시기, 어획 방법, 용도, 섬사람들의 문헌 고증 순서로 수록하였다. 정약전의 분류와

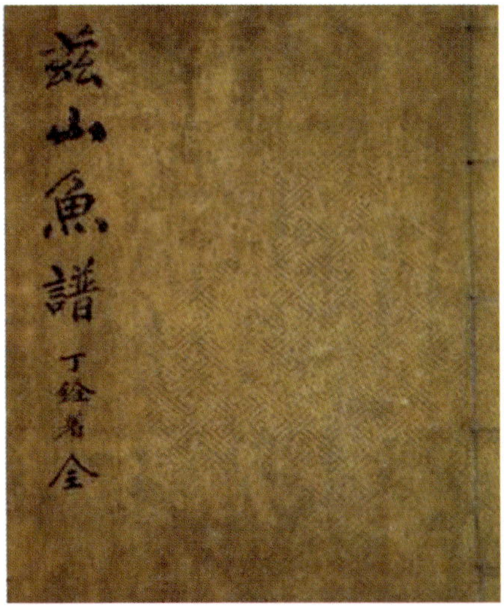

그림 1.10 자산어보와 정약전

작명은 이전에 우리나라 어류에 관련한 문헌에서는 볼 수 없었던 새로운 방법으로, 18~19세기 근대생물학 태동기 유럽에서 시작한 자연분류법과 비슷할 정도로 체계적으로 정리되었다.

『자산어보』는 우리나라 최초의 해양생물학과 수산학에 관련된 책으로 주목을 받았다. 그 후 1834년에서 1845년 사이에 서유구가 편찬한 『전어지』에는 어류 97종의 생김새, 생활습성, 서식처와 이름이 기록되었다.

『우해이어보』는 김려가 1803년 편찬한 저서로 1801년(순조 1년)에 천주교 사건으로 진해의 근해를 일컫는 우해牛海에 유배되어 2년 반 동안 가난한 어민과 함께 친하게 지내며 저술한 책이다. 연근해 어류 53종과 패류 17종을 세밀히 조사하고 연구하여 이름, 형태, 습성, 산지, 번식, 약용 등이 기록되어 있다

서유구는 1790년, 과거에 급제하여 관료가 된 후 정조의 신임을 받아 농업개혁 정책을 추진하다가 1806년에 홍문관 부제학에서 물러나 은거하는 18년 동안 조선 생활경제와 농업경제의 집대성이라 할 수 있는 『임원경제지』 113권 52책을 작성하였다. 또한 『난호어목지』를 저술하여 강에 사는 어류, 게류, 조개류 55종과 바다에 사는 78종을 수록하였다(김홍석, 2008).

우리나라 어류가 과학적인 체계를 갖추어 처음으로 알려지게 된 계기는 1848년, 신종으로 발표된 창치*Vellitor centropomus*(Richardson, 1848) 덕분인데 창치의 모식산지는 제주도의 옛 지명인 'Quelpart'로 기록되었다. 1892년, 헤르젠슈타인Solomon Herzenstein은 한강 상류 풍동에서 채집한 돌고기를 '풍퉁기아 헤르지*Pungtungia herzi*'를 기재 및 발표하였다. 그리고 미국의 어류학자 조던David Jordan과 공동연구자들은 1905년에

우리나라 어류 71종을 보고하였고, 1913년에는 10 신종 기재를 포함한 254종 목록을 발표하였다. 또한 일제 강점기인 1920~1940년대에 일본 어류학자 모리와 공동연구자들은 한국의 어류 30여 종의 신종을 발표하고 1952년에는 824종의 어류 목록을 발표하였다. 더불어 1939년, 조선 총독부 어류연구자 우치다內田惠太郎는 우리나라 담수어류 80종의 형태, 생태, 분포 및 생활사와 분류에 관한 조사 내용을 비교적 상세히 수록한 『조선어류지』와 연근해 어류상 조사 내용을 보고하였다.

광복 이후에 정문기 박사(1898~1995)는 『한국동식물도감-어류편』(1961)과 『한국어도보』(1977)에 어류 872종의 형태, 생태, 분포 및 검색표와 사진 및 그림 등을 수록한 책을 발간하였다. 그리고 최기철 박사(1910~2002)는 1965년 이후 담수어류의 미세 분포현황과 전국 도별로 시군과 면의 분포와 방언 등을 정리하여 『한국의 자연, 담수어류편 경남의 자연』(1983), 『경기의 자연』(1985), 『강원도의 자연』(1986), 『충북의 자연』(1986), 『충남의 자연』(1987), 『전북의 자연』(1988), 『전남의 자연』(1989), 『경북의 자연』(1990)을 발간하였다(그림 1.11).

1989년에는 한국어류학회가 창립되어 <한국어류학회지>가 매년 정기적으로 발간되었다. <한국어류학회지>는 한반도 해안과 담수에 사는 어류의 분류, 분포, 생리, 생태, 유전, 분자계통 등의 연구논문을 게재하여 우리나라 어류학 연구가 크게 발전하는 중요한 기틀을 마련하였다. 2005년에는 우리나라 해수와 담수에 분포하는 어류 42목 213과 1,085종(2011년 74종 추가)의 검색표와 사진, 학명과 동종이명, 형태, 생태 및 분포에 관한 내용을 수록한 『한국어류대도감』(김익수, 최윤, 이충렬, 이용주, 김병직, 김지현)이 발간되었다(그림 1.12).

그림 1.11 정문기 박사와 최기철 박사의 저서

그림 1.12 한국어류학회지 표지와 한국어류대도감 표지

물고기의 민속 이야기와 상징들

우리나라의 고유한 민물고기들은 수십만 년 혹은 수백만 년 전에 한반도 자연환경의 역사적 배경에 관련하여 형성된 자연유산으로, 학술적 보존 가치가 큰 중요한 자원이다. 이러한 물고기는 예로부터 인간의 친근한 동반자로 오랜 세월을 지내왔는데, 생존을 위한 요긴한 먹거리나 관상의 대상 또는 자연 생태계의 구성원으로 다양하고 중요한 역할을 하였다. 무엇보다도 물고기는 사람이 살 수 없는 물속에 산다는 점, 아가미로 숨을 쉬며 지느러미로 헤엄치면서 왕성한 번식력과 함께 무리를 지어 다니는 점 때문에 다른 동물들과는 구별되는 특이한 존재로 간주되었다. 사람들은 물고기를 신비의 대상으로 생각하거나, 인간의 다양한 생활을 물고기에 비유하며 상징물로 간직하기도 하였다.

『삼국유사』에는 주몽이 추격병들에게 쫓기다가 앞을 가로막은 강 때문에 곤경에 처하는 이야기가 나온다. 이야기 속에서 배가 없음을 안 주몽이 천지신을 향해 탄식하자 물고기와 자라들이 다리를 이루어 강을 건너게 하였다. 이때의 물고기는 신의 사자라는 상징을 지닌다.

이와 같은 개국 신화는 물고기가 당시 생활과 밀접한 관련이 있었음을 보여준다. 『삼국사기』에도 석탈해가 고기잡이를 업으로 하여 노모를 정성껏 봉양하였다는 구절이 나오는데, 이것은 고기잡이가 당시의 경제활동에서 중요한 부분을 담당하였음을 암시한다. 그렇기에 사람들은 예로부터 강을 그토록 신성시하고, 또 중요하게 여긴 것이다.

물고기는 그 외의 다양한 전설과 설화 속에서도 상서롭고 이로운 생물로 등장한다. 먼저 보은 설화를 살펴보자. 어느 가난한 어부가 우연히

잡은 잉어를 불쌍히 여겨 다시 놓아주었는데, 그 잉어가 알고 보니 용왕의 아들이었다. 용왕의 아들은 어부에게 은혜를 갚기 위해 그를 용궁에 초대하여 성대하게 대접하고, 원하는 것은 무엇이든 다 얻을 수 있는 요술 구슬을 주었다고 한다.

조상들은 물고기가 거센 물살을 헤치며 뛰어오르는 모습을 풍요로움과 생명력을 그림으로 표현하여, 물고기가 지닌 영험함을 생활의 다양한 측면에서 이용하고자 하였다. 눈병이 생겼을 때나 소원을 빌 때, 조상들은 힘찬 생명력을 지닌 물고기의 영험을 이용하고자 물고기 그림을 그렸다(그림 1.13).

언제나 눈을 뜨고 있으며, 떼지어 다니는 물고기의 습성은 늘 적을 경계하고 병사들을 이끌어야 하는 장수의 임무와도 일맥상통하였다. 장수

그림 1.13 헤엄치는 잉어 그림

그림 1.14 목어와 절간의 풍경

들의 갑옷에 비늘이 달린 것도 바로 이런 이유 때문이다.

종교에서도 물고기는 특별하다. 불교에서는 나무를 물고기 모양으로 깎아 목어를 만들거나 절간에 풍경을 달았는데, 물고기처럼 늘 깨어 있으라는 각성과 모든 중생에 대한 계도의 의미가 담겨있는 것이다(그림 1.14). 또한 초대 기독교인들은 로마 통치자들의 탄압과 박해를 피하려고 동굴에 들어가 은둔생활을 하면서 서로가 기독교인이라는 것을 알리는 수단으로 물고기 모양의 심볼을 사용하였다. 물고기는 그리스어로 'ΙΧΘΥΣ(익투스, Ichthys)'라고 하는데, 이 단어는 '예수 그리스도, 하느님의 아들 구세주Jesus Christ, God's Son, Savior'라는 문장의 첫 문자로 이루어진 것이다. 지금도 이 심볼은 그리스도인을 상징하는 데 사용되고 있다(그림 1.15).

인류 문명이 시작하면서부터 물고기는 주변에서 쉽게 구할 수 있는 중요한 식품 자원으로, 생계와 국가 경제를 발전시키는 산업으로 확장되었다. 그러나 최근에는 남획과 지속적인 생태계 파괴로 인하여 물고

그림 1.15 기독교의 심볼, 물고기(ICHTHYS)

기 자원들이 급격히 감소하거나 사라지면서 사람들의 생계와 산업에도 커다란 어려움을 주고 있다. 그리하여 오늘날 물고기가 갖는 의미는 이전보다 많이 퇴색되었다. 강은 점점 오염되고 물고기의 생명력도 그만큼 약해지고 있다. 우리 옛이야기 속에서 살아 숨 쉬던 물고기들을 후세에 그대로 전해주기 위해서라도 우리의 강과 물고기에 관심을 가지고 보존하여야 한다고 생각한다.

물고기들이 사는 강과 하천은 사람들이 사는 생활과 문명을 지속시켜온 중요한 원천이었다. 티그리스강과 유프라테스강의 유역에서 고대 메소포타미아 문명이, 나일강 계곡에서 고대 이집트 문명이, 그리고 황하 계곡에서 고대 중국 문명이 일어났다. 흐르는 강물을 보면서 많은 화가, 문학가, 철학자와 음악가들은 위대한 그림과 문학과 예술 작품을 남기면서 감동과 기쁨을 지금까지 전해주고 있다.

자연환경을 이루고 있는 하천과 강은 그 안에 함께 사는 물고기들과 동식물들은 생태계를 이루어 사람들의 눈에 보이지는 않지만, 다음과 같은 중요한 생태적 서비스를 하면서 인류의 생존을 부양하고 있다(포스텔과 릭터, 2009).

강과 하천은 농업과 산업 및 가정용 물의 99% 이상을 공급하고, 물고기, 물새, 홍합, 조개 등의 식량자원을 사람들에게 제공한다. 또한 습지는 오염물질을 제거, 분해하여 수질을 보전한다. 건강한 유역의 범람은 강과 습지가 강수를 흡수하여 홍수 피해를 줄이고 가뭄을 완화하며, 물고기와 새와 야생 생물들에게 서식처와 생육 장소를 제공한다.

범람한 하천은 주변 토양을 비옥하게 하여 생산성을 높이고, 수변 경관과 하천은 사람들에게 영감을 불러일으킨다. 그리고 문화적·정신적 가치를 높이며 심미감을 고취하여 인간의 삶의 질을 높인다. 아울러 수영, 낚시, 뱃놀이, 야생생물 관찰, 수변 하이킹, 소풍으로 레크레이션 기회를 제공하면서 생물다양성을 보전하여 미래세대의 선택권을 남겨주는 생태적 서비스를 무료로 제공하고 있다.

2장

진기한 습성을 가진 우리 물고기들

물고기는 사는 장소에 따라 흔히 민물고기와 바닷물고기로 구별한다. 그러나 민물과 바닷물을 왕래하면서 사는 회유성 물고기도 있다. 뱀장어는 강에서 살다가 산란 때가 되면 먼바다의 깊은 곳을 찾아 알을 낳고, 알에서 부화한 치어가 다시 강으로 돌아오는 반면에, 연어는 바다에 살다가 산란 시기가 되면 자기가 태어난 하천을 찾아오는 신비한 습성을 가지고 있다. 물고기는 종류마다 고유한 습성을 가지고 그들의 서식처에 적응하여 살아간다.

태어난 하천에 찾아와 산란하는 연어

연어과Salmonidae의 어류는 전 세계에 10속 223종이 알려져 있는데 대부분 북태평양과 인접한 연안과 북대서양 연안에 산다. 한반도에는 연어를 포함하여 열목어, 송어(산천어), 곱사연어, 무지개송어, 우레기, 사루기, 홍송어, 곤들메기, 자치 등 10종이 분포한다.

연어*Oncorhynchus keta*는 몸길이가 보통 65~80 cm인 대형 어류로 우리나라에는 주로 동해안으로 흐르는 울진 왕피천으로부터 강원도 양양남대천과 그 연안에 분포한다. 국외에서는 일본과 알류산열도, 캄차카반도, 쿠릴열도, 홋카이도 등의 북태평양 연안과 인접한 하천에 산다.

그림 2.1 연어와 연어의 회유 경로

연어는 입이 크고 주둥이가 튀어나와 있으며 위턱은 눈 아래로 휘어져 내려와 그 뒤끝이 눈 뒤를 지난다. 연어는 산란기인 9~11월경에 하천에 올라오면 수컷은 턱이 앞으로 연장되어 심하게 구부러져 있고, 몸은 은백색 바탕에 등 쪽은 흑청색을 띠며 나머지 부분은 연한 청색이다. 몸 옆쪽에는 불규칙한 검은색 횡반문이 있으며 그 중간에 적색 혹은 노란색을 띤다. 암컷의 경우 등과 체측 상반부는 흑청색이지만 하반부와 복부는 연한 청색과 은백색을 띤다.

연어는 거친 물살을 헤치고 자기가 태어난 하천으로 되돌아오는 본능을 가지고 있어 오래전부터 사람들로부터 주목을 받아 왔다. 연어는 살이 매우 기름지고 맛이 뛰어나며 비타민 D와 오메가 지방산이 풍부하여 '슈퍼 푸드'라고 일컬을 정도로 인기가 높다.

연어의 귀향은 우리가 추석에 고향을 찾는 시기와 비슷한 9월 중순부터 시작하여 11월까지 이어지는데, 연어는 자기가 태어난 하천으로 돌아오는 동안 아무것도 먹지 않고 오직 어린 새끼를 낳기 위하여 험난한 여정을 헤엄쳐 찾아온다.

산란기에 연어의 수컷은 평소보다 사나운 모습으로 변하여 다른 수컷과 치열한 경쟁을 하면서 산란 장소를 마련한다. 이후 암컷을 유인하고 암컷이 찾아오면 꼬리지느러미로 자갈을 깊이 파헤쳐 알 자리를 만든다. 그리고 암수가 짝지어 머리를 상류 쪽에 두고 암컷이 한 마리당 약 3,000~3,500여 개의 알을 2~3곳에 낳으면, 수컷이 정액을 뿌려 수정을 시키고 암컷은 굵은 모래와 자갈을 모아서 알을 덮어 보호한다. 산란을 마친 연어는 힘이 쇠잔하여 물살을 거슬러 오르지 못하고 강물에 휩쓸려 떠내려가다 새나 짐승에게 잡아먹히거나 돌 틈에 걸려 죽고 만다.

하천 바닥에 남은 수정란들은 43일이 지나 부화해서 몸길이 19.7 mm 어린 새끼로 태어나 바닥에 있는 먹이를 먹는 동안 고향의 냄새를 익히며 자란다. 3~4월이 되면 35 mm까지 자라 얕은 바다로 나가 염분 적응 훈련을 하면서 무리를 지어 해류를 따라 북쪽으로 이동한다. 북태평양의 대양에 온 연어들은 2~4년 동안 바다에서 살다가 다시 알류산 열도를 거쳐, 캄차카반도와 쿠릴열도를 지나 우리나라 동해안에 태어난 하천으로 돌아온다.

회유성 어류가 멀고 넓은 바다에서 자라다가 어떻게 태어난 하천母川, mother stream을 찾아 돌아와 산란하는가에 관한 여러 가지 설이 있으나 아직도 이를 완전하게 설명하는 이론은 없다. 연어과 어류의 실험으로 알려진 후각가설嗅覺假說, olfactory hypothesis에 의하면 부화 후, 자어기에 후각기관인 비강의 특수한 감각세포가 태어난 하천의 서식처 화학물질을 뇌에 감지하였다가 그 하천을 찾아 돌아온다고 한다. 이러한 가설이 사실이라면 하천에 댐을 건설하거나 인위적인 개발로 서식처를 파괴하고 오염시키면, 바다에서 돌아오는 연어는 태어난 하천을 감지하지 못하여 고향 하천을 찾아오지 못한다.

미국, 캐나다, 일본 등지에서는 일찍부터 연어를 귀중한 수산자원으로 취급하여 집중적으로 연구하고 있다. 우리나라의 수산자원관리공단에서도 1970년대부터 삼척, 영덕, 밀양에 연어부화장을 설립하여 매년 9월부터 12월까지 강 하구에 올라오는 연어를 포획해서 성숙한 알을 채취하고 인공수정을 시킨 후, 부화한 수백만 마리에서 수천만 마리의 치어를 방류하고 있다. 1984년, 강원도 양양 남대천 천변에 양양내수면연구소가 설립되어 대규모 치어 방류사업을 추진하면서 연어 자원을 적극적으로 증강하고, 북태평양 연안국들의 소하성 어류 연어의 기원국으로, 어획쿼터 할당에 효과적으로 대응하여 실시하고 있다. 2003년부터 울산 태화강은 하천 정비로 수질이 개선되어 방류된 연어가 다시 돌아오고 있다고 알려져 있다.

그림 2.2 연어의 포획과 인공수정

연어과 어류에 해당하는 강해형 송어*Oncorhynchus masou masou*는 우리나라 동해안 울진 이북 하천으로부터 두만강과 일본, 알래스카 및 러시아에 분포한다. 2~3년 동안 바다에 살면서 40~60 cm까지 자라다가 산란기인 9~10월에 하천 계류로 올라와 주로 수서곤충이나 작은 물고기를 먹고 산다. 그러다가 맑고 자갈이 많은 여울에 수컷이 산란장을 만들면 암컷이 그곳에 산란하고, 수컷이 방정하면 암컷은 자갈과 모래를 가져다 덮는다. 수정란은 8℃의 수온에서 60일이 지나 부화하여, 난황이 완전히 흡수할 때까지 송어는 자갈 틈에서 숨어지내고, 전장 100 mm 정도 자란 어린 개체는 하천에 얼음이 얼기 전에 바다로 내려가 갑각류와 요각류와 같은 동물성 먹이를 먹고 자란다.

산천어는 송어의 육봉형陸封型으로 바다에 내려가지 않고 하천에서 일생을 지낸다. 산천어는 어린 송어의 체색을 그대로 지니면서 몸 측면

그림 2.3 산천어

에 10개 정도의 흑갈색 횡반점인 파마크parmark를 일생 지니고, 등과 배 쪽에도 흑색의 작은 반점이 있다.

산천어는 물이 맑으며 한여름에도 수온이 20℃를 넘지 않고, 높은 용존산소가 있는 곳에 산다. 몸길이는 20 cm 정도까지 자라는데 대부분이 수컷이다. 흔히 산천어 수컷과 송어 암컷 사이에 교배가 이루어지는데, 이들 자손은 대부분 수컷이다. 산천어는 동물성플랑크톤이나 수서곤충 유충 또는 어린 물고기 알을 먹는다.

심해에 산란하고 강에 사는 뱀장어

뱀장어속genus *Anguilla* 어류는 전 세계의 온대와 아열대 바다와 담수에 2속 19종이 분포하는데 우리나라 하천에는 뱀장어*Anguilla japonica*와 무태장어*A. marmorata* 2종이 산다.

뱀장어는 몸이 긴 원통형으로 꼬리는 약간 납작하다. 등지느러미와 뒷지느러미 뒷부분 아래는 길어져 꼬리지느러미와 이어지고 배지느러미는 없다. 몸 등 쪽은 암갈색이고 배 쪽은 은백색이며 입은 크고 아래턱이 위턱보다 길고 측선이 선명하다. 가슴지느러미 기저부에는 금속성 체색을 띠고, 머리부터 몸통의 등 쪽은 검은색이다. 복부 쪽은 처음엔 황금빛에서 흰색 혹은 회색빛으로 변하고 성숙이 진행된 뱀장어는 완전히 검은색으로 변하기도 한다.

뱀장어는 크고 작은 하천이나 호수, 논 등의 하천뿐 아니라 민물이나 바닷물이 만나는 갯벌에 살면서 어린 물고기나 실지렁이, 새우, 게, 수

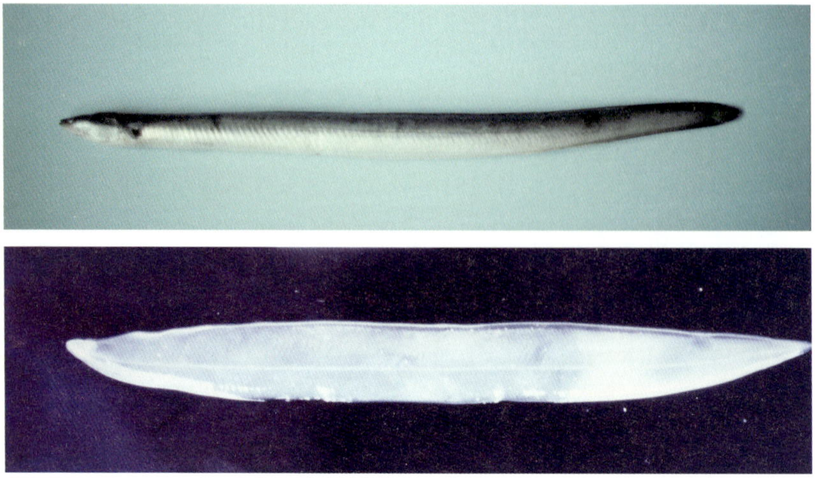

그림 2.4 뱀장어와 유생 렙토세팔루스(leptocephalus)

서곤충 등 작은 무척추동물을 먹는다. 낮에는 큰 돌 아래나 진흙 바닥에 숨어 있다가 밤이 되면 활동하고, 수온이 14℃ 아래로 내려가면 먹이 섭취를 줄이고 굴속이나 진흙 속에서 겨울을 지낸다.

산란기가 되면 뱀장어의 등 쪽 체색은 검은색, 배 쪽은 흰색에서 진한 갈색 또는 검은색으로 점차 바뀌며 가슴지느러미 기부는 금속성 체색을 띤다. 이때 뱀장어는 강에서 하류로 내려가다가 기수역에서 염분 적응 훈련으로 체질을 변화시킨다. 이후 뱀장어는 바다로 이동하는데 추운 겨울을 만나면 하구의 펄 속에서 월동하기도 한다.

전라북도 고창 인천강 하구는 계곡과 바다 사이에 부는 바람이 많은 풍천風川 지역이어서 이곳에 서식하는 뱀장어를 '풍천장어'라고 부르며 전남 고흥에서는 '뻘두적'이라고도 한다. 늦가을 강 하구 기수역에서 잡히는 뱀장어는 그 맛이 아주 뛰어나다고 알려져 있다. 고창의 풍천장어가 맛이 좋기로 알려진 이유는 선운산 입구 인천강 기수역의 밀물과 썰물이 오가는 수역이 10 km가 넘어, 뱀장어가 이곳에서 체질이 적응되어 육질과 영양이 풍부하기 때문이라고 한다.

강에서 살던 뱀장어가 먼바다의 산란장을 찾아가는 문제에 대하여 1991년, 일본 동경대 쓰가모도K. Tsukamoto 교수는 필리핀 동쪽 해역에서 뱀장어 치어 수백 마리를 잡으면서, 필리핀과 마리아나 해저산맥 사이의 서북 태평양 일대를 뱀장어 산란장으로 추정하여 발표하였다. 쓰가

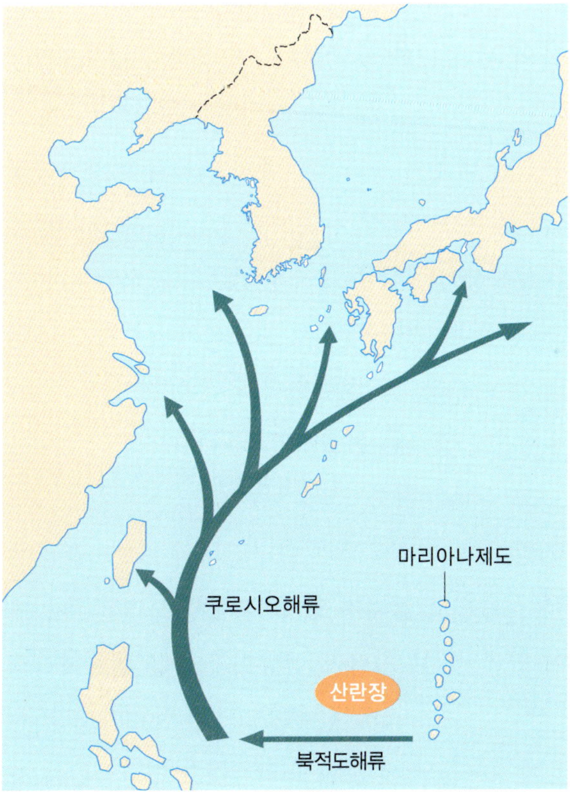

그림 2.5 뱀장어의 회유 경로

모도 교수는 2006년에는 부화 후 3일 된 난황을 가진 어린 새끼를 확인하고 2008년에는 알을 품은 성어를, 그리고 2009년은 알을 가진 성숙한 개체를 찾아서 이곳을 뱀장어 산란장으로 보고하였다.

산란은 6~10월에 성숙한 암컷 한 마리가 직경 0.5~1 mm의 알 700만~1,300만 개를 산란하여 수정한 후, 열흘 정도 지나 부화하여 납작한 버들잎 모양의 렙토세팔루스leptocephalus 유생이 된다. 유생은 태평양 깊은 바다를 떠나 서쪽으로 이동한 후, 쿠로시오 난류를 타고 6~12개월 동안 약 3,000 km 더 유영하고 중국, 대만, 우리나라와 일본 연안의 대륙 사면에 이르면 몸길이가 5~7 cm 성냥개비 모양의 투명한 실뱀장어가 된다. 실뱀장어가 되기까지의 시기는 환경조건에 따라 다르나 보통은 2년 정도 걸린다.

실뱀장어는 육지에 근접한 바다의 진흙 바닥에서 겨울을 지나 2~3월경에 주로 서해안 강 하구로 올라오는데 북쪽으로 갈수록 늦어져 경기도에는 4월경 도착한다. 실뱀장어는 다른 물체에 접촉하는 성질이 있고 야행성으로 주로 밤에 이동한다. 민물 하천에 들어와 1~2주가 지나면 몸에 검은 색소가 형성하기 시작하여 그해 7월이 되면 몸길이는 15 cm 정도로 자란다. 그 후 5~6년이 지나면 몸길이가 60 cm가 넘는 성체가 되는데 암컷은 비교적 크고 수컷은 작다.

뱀장어는 단백질과 지방이 많고 섬유질과 비타민 A와 E가 풍부하여 맛으로나 영양가가 높은 식품으로 알려져 있다. 그래서 오래전부터 체질이 허약하거나 기력이 떨어진 사람들에게 뱀장어 식품을 권장하기도 하였다.

일본에서는 예로부터 뱀장어를 신이 보낸 물고기라고 떠받들면서 사철 뱀장어요리를 보양식으로 즐긴다고 한다. 국제자연보전연맹IUCN은 지난 2014년 6월, 극동산 뱀장어를 두 번째로 절멸될 위기에 있는 종으로 판정하였다.

이와 같은 사정은 우리나라도 마찬가지이다. 뱀장어가 부족한 문제를 해결하는 방법은 뱀장어를 산란 및 부화시켜 성장시키는 온전한 양식이지만, 이러한 방식은 아직도 성공하지 못하고 있다. 그래서 세계 모든 나라는 하천으로 올라오는 뱀장어의 치어인 실뱀장어를 잡아다 키워내는 양식으로 뱀장어를 공급하고 있어, 추후 뱀장어의 인공산란과 부화 양식에 대한 연구개발이 요구된다.

우리나라 서해 연안은 수심이 얕은 데다 밀물과 썰물의 차이가 커서, 썰물이 나가면서 나타나는 드넓은 갯벌은 많은 어류의 산란장이나 보육장으로 이용되기에 생태적으로나 경제적으로 매우 중요하다. 근래에 개발을 명목으로 대규모의 간척사업이 진행되면서 넓은 갯벌이 매립되어 바다에서 강으로 올라오는 길이 막히니, 실뱀장어가 강으로 올라오는 길도 막히고 뱀장어가 산란하기 위해 바다로 내려가는 길 역시 막혀 뱀장어 자원이 현저하게 감소하고 있다.

산란탑을 쌓는 천연기념물 어름치

동식물과 그 서식처 및 지질과 광물 가운데 학술적 그리고 관상적 가치가 높은 자연유산은 정부에서 천연기념물natural monument로 지정하여 문화재보호법으로 보호하고 있다. 우리나라 담수어류 가운데 천연기념물로 관련되어 지정된 종은 어름치, 열목어, 황쏘가리, 미호종개, 꼬치동자개, 무태장어이다.

어름치는 한국 고유종으로 균형 잡힌 몸매에 커다란 눈, 온몸과 지느러미에 수놓은 듯한 아름다운 흑갈색 반점을 가지고 있으며, 산란탑을 쌓는 신비한 산란 습성을 가진 데다 우리나라 임진강, 한강 및 금강 상류의 맑고 자갈이 깔린 제한된 수역에만 희소하게 분포하고 있다. 따라서 학술적으로 중요하고 보존적 가치를 인정받아 문화재청에서는 충북 옥천군 이원면에서 무주 내도리 일대의 수역을 천연기념물 제238호(1972년 5월1일)로 지정하고, 1980년대 이후에는 한강, 임진강, 금강에서 사는 어름치 종을 천연기념물 제259호(1978년 8월 18일)로 지정하였다. 북한의 황해도 신계군 구각리 일대의 예성강에 사는 어름치는 북한의 천연기념물 제432호로 지정되었다.

잉어과 어류인 어름치가 학술적으로 처음 알려진 계기는 1907년, 러시아의 어류학자 버그Lev Berg가 우리나라 금강의 금산에서 처음으로 채집하여 '바버스 마이로돈*Barbaus mylodon*'이란 학명으로 발표하였던 일이다. 하지만 루마니아의 바나레스쿠Petru Banarescu 박사와 날반트Teodor Nalbant 박사가 이후 학명을 '헤미바버스 마이로돈*Hemibarbus mylodon*'으로 변경하고 잉어과의 모래무지아과 누치속*Hemibarbus*에 해당하는 종으로 보고하였다(Banarescu and Nalbant, 1973).

그런데 이보다 훨씬 앞서 1891년, 다산 정약용은 우리나라 동식물의 방언 이름 등을 수록한 『아언각비』에 어름치를 기록하였고, 1826~1909년에 편찬한 『평창군지』에서도 '반어斑魚'를 언급하였다. 반어라는 말은 지금도 강원도 평창과 정선에서는 어름치의 방언으로 사용되고 있으며,

그림 2.6 어름치와 어름치의 서식처 및 산란탑

어름치는 지방에 따라 그림치, 드림치, 얼음치, 어둠치, 어럼치, 이름치, 절음치 등으로 부르기도 하지만 어름치란 이름으로 가장 널리 쓰이고 있다.

어름치란 이름은 온몸에 흑색 반점이 많아 물속에서 어른거린다고 하여 어름치라고 부르고, 얼음이 얼어있는 겨울에도 헤엄치고 있다고 하여 얼음치라 부른다고도 한다. 어름치의 몸길이는 보통 20 cm 정도로 큰 것은 40 cm에 이르는 것도 있다. 몸은 원통형으로 약간 납작하고 몸 뒤쪽은 가늘다. 입 주변에는 한 쌍의 긴 수염이 있고, 측선의 전반부는 아래쪽으로 약간 구부러져 있으며 후반부는 거의 직선이다. 몸 등 쪽은 암갈색이고 배 쪽은 은백색으로 옆면에는 눈 크기의 작은 흑색 반점이 여덟 줄 정도로 배열하고, 등지느러미와 꼬리지느러미에도 세 줄 이상의 줄무늬가 있어 다른 잉어과 어류와 잘 구별된다.

어름치는 우리나라 한강과 임진강, 그리고 금강의 중 상류의 맑고 자갈이 많이 깔린 물에서 수서곤충 유충과 갑각류와 다슬기 등의 작은 동물들을 먹고 성장하다가 깊은 곳으로 이동한다. 어름치는 수온이 17℃ 이상 올라가는 4~5월에 물흐름이 비교적 완만한 여울에서 길이 13~17 cm. 폭 9~13 cm, 깊이 5~8 cm의 웅덩이를 판다. 그리고 다음 날 밤에 암컷이 1,000~2,300개 정도의 알을 낳으면 밤알 크기만한 잔자갈을 웅덩이에 옮겨서 높이 5~18 cm의 산란탑을 만들어, 알이 물결에 씻겨서 내려가지 않도록 보호한다. 수정란은 5일 후 부화하여 20일이 지나면 몸길이 8 mm로 자라고, 1년이 되면 4~5 cm, 2년이 지나 14~19 cm, 만3년이면 22~25 cm로 자란다(최기철과 백윤걸, 1970).

1969년, 당시 강원도 영월군 봉래초등학교 백윤걸 선생과 최기철 교수는 어름치가 산란탑을 쌓는 이유를 알아보려고 조사하였다. 어름치가 사는 수역의 여러 곳에서 깊이 파인 웅덩이 바닥에 깔린 돌 틈에 알이 엉겨 붙어있는 것을 확인하고, 전날 밤에 산란한다는 사실을 알게 되었다. 그 자리에 잔자갈을 두둑이 쌓여있는 것을 보았으나 그 장면은 확인하지 못하였다. 자갈은 알을 낳은 곳으로부터 12 m나 떨어진 곳에서 입으로 물어 온 것으로 추정하였다. 산란탑은 그 안에 낳은 알을 보호하고 부화하는 동안 풍부한 산소를 공급하기 위한 장치인데 어름치가 어떻게 그러한 습성을 갖게 되었는지 신기할 따름이다.

어름치는 임진강 중상류 지역과 북한강의 가평군과 화천군, 양구군, 인제군, 홍천군 일대와 남한강의 평창군, 정선군 일대에 서식하고 있다. 금강 상류에 제한적으로 분포하던 어름치는 축산폐수, 농약과 같은 수질 오염에 의한 서식 환경변화와 먹이 감소 등으로 절멸하였다고 판단되어, 한국의 멸종위기 야생동식물 적색자료집(어류)에서 취약종(VU)으로 평가되었다.

빙하기에 한반도에 찾아온 열목어

열목어*Brachymystax lenok tsinlingensis*는 동북아시아 시베리아와 만주, 북한, 한강과 낙동강 최상류의 계류에 분포하는 냉수성 어류로 우리나라에서는 강원도 정선군 고한읍 정암사와 경상북도 봉화군 석포면 열목어 서식지가 천연기념물로 지정되었다.

열목어의 몸은 전장 30~70 cm로 크고 유선형이며 약간 납작한 모양으로 황갈색 몸 바탕에 등 쪽은 진 푸른색, 배 쪽은 은백색이고 몸 옆면과 등 쪽에 자갈색 작은 반점이 흩어져 있다. 어린 개체는 9~10개의 옅은 흑갈색 가로무늬 반문이 있다. 등지느러미와 작은 기름지느러미는 거무스름하며, 어린 개체는 뒷지느러미와 배지느러미에 적황색을 띤다. 산란기인 3~4월에는 온몸이 짙은 홍색으로 변하고, 등지느러미와 가슴지느러미도 녹색 광택에 무지갯빛을 띠어 매우 아름답게 보인다. 조용한 계곡에만 살고 있어 감각이 매우 예민하여 사람 발자국 소리만 나도 놀라서 바위 그늘에 숨는 열목어는 어린 물고기, 수서곤충이나 작은 동물을 먹고 사는 육식성으로, 공중에서 떨어지는 곤충을 물 위로 뛰어올라 채어 먹기도 한다.

열목어는 무더운 여름에도 물의 온도가 20℃ 이하를 유지하며, 몸을 숨길 수 있는 큰 바위가 바닥에 깔려있고 수량도 풍부한 하천 상류에 살다가, 겨울이 되어 물이 얼면 하류의 깊은 곳으로 이동하여 월동한다. 이듬해, 얼음이 녹기 시작하면 다시 상류로 거슬러 올라가 물살이 빠르지 않고 모래와 자갈이 섞인 곳에 수컷이 그 자리를 방어하는 세력권을 이루어, 수심 30~70 cm 바닥에 산란장을 만들고 암컷을 유인한다.

그 후 수컷이 암컷 몸 뒤쪽을 자극하면 암컷이 직경 4 mm 정도의 동그랗고 탱탱한 연노랑 알들을 자갈 사이에 쏟아낸다. 수컷이 방정하면 바로 모래와 자갈로 알을 덮는데, 한 달 정도 지나면 알이 부화한다. 부화한 새끼는 만 1년이 지나 6 cm 정도 자라며, 2년이면 월동 전까지 15~20 cm, 3년이 지나 25~30 cm가 되어 성숙한다.

1970년대, 강원도 정선군 고한읍 주변의 탄광촌에서는 탄광에서 배출되는 오수로 서식지가 오염되어 열목어가 크게 줄어들었다. 이후 탄

그림 2.7 열목어와 서식지(오대산)

광 산업이 주춤해지면서 수질이 다시 깨끗해져 다른 하천에 살던 열목어를 이식하여 복원한 바 있다. 경북 봉화의 대현리 백천 계류에서도 광산 개발과 남획으로 열목어가 사라졌지만, 1986년에 주민들이 열목어 100마리를 방류하여 열목어 집단을 복원하는 데 성공하였다.

현재 열목어 서식지로 알려진 곳은 설악산과 오대산 계곡과 비무장

지대 안에 있는 두타연 계곡이 있다. 두타연 계곡은 오랫동안 사람들의 발길이 닿지 않아 자연 그대로의 모습이 잘 보존되어 있다. 계곡에는 약 2 m 높이의 폭포와 폭포 아래에 수심 7 m, 면적 100 m^2의 넓은 소에는 열목어를 비롯하여 배가사리, 쉬리, 참갈겨니, 피라미, 종개, 새코미꾸리, 미유기, 둑중개, 꺽지 등 다양한 우리나라 고유 어류들이 집단을 이루어 살고 있어 자연 상태가 잘 보존되어 있음을 보여주고 있다.

수만 년 전 빙하시대에 한반도는 만주와 같은 북부지역처럼 물의 온도가 낮은 냉수역冷水域으로 열목어가 서식하였다. 한반도의 일부 수역에 열목어가 살고 있다는 사실은 열목어가 살아온 자연 역사를 보여주는 좋은 증거이다. 이에 따라 국가에서는 남한강 강원도 정선군 고한읍 정암사 수역과 낙동강의 경상북도 봉화군 석포면 대현리 수역이 세계적으로 열목어 서식지 분포의 남방 한계선이어서 학술적으로 의미가 크다고 판단하여, 각각 천연기념물 제73호와 제74호로 지정하였다. 또한 설악산과 오대산에 사는 열목어는 국립 공원법으로 보호하고 있다.

2021년, 고명훈 박사와 공동연구자들은 멸종위기에 있는 열목어 분포현황과 서식지 특징 및 멸종위협 평가 조사에서, 내린천과 오대천을 비롯한 8개 서식 하천은 고도가 400 m 이상의 높은 하천 상류에 있고, 유폭은 4~20 m, 수심은 1~2 m의 바닥에 큰 돌이 많은 곳에 서식한다고 하였다. 또한 절멸 위협요인은 하천 정비공사, 저수지와 교량 건설, 오염수 배출, 여름철 피서객 유입 및 보를 축조하는 것이라고 하였다. 개발과 오염, 기후변화는 열목어 집단을 감소시키는 요인임을 명심하여야 한다.

노벨상을 안겨준 춤추는 큰가시고기

네덜란드 태생의 영국의 동물행동학자이며 영국 옥스퍼드 대학의 틴베르헌Nikolaas Tinbergen 교수는 1973년, 로렌츠Konrad Lorenz, 프리쉬Karl von Frish와 함께 큰가시고기의 세력권 형성과 산란 행동 연구로 생존을 위한 본능 행동과 구애 짝짓기 이론을 발표하여 노벨 생리의학상을 받았다.

큰가시고기*Gasterosteus aculeatus*는 몸길이가 7~8 cm로 등지느러미 앞에 3개의 크고 예리한 가시가 있다. 배지느러미와 뒷지느러미 앞에도 큰 가시를 하나씩 가지고 있어 다른 물고기와 쉽게 구별된다. 몸 옆구리에는 32~35개의 길고 단단한 비늘판도 가지고 있다. 몸은 황갈색으로 금속광택이 있고 구름 모양의 반점이 있다. 산란기가 되면 수컷은 눈이 파래지고 등 쪽이 푸른색을 띠며 목 부분에서 배 쪽에 선홍색을 보이지만, 암컷 목 부분은 분홍색이고 배 쪽은 은백색이다(그림 2.8).

성숙한 큰가시고기 수컷은 둥지를 만든 후 암컷을 만나면 그 주위를 맴돌다 암컷이 관심을 보이면 춤을 추는데, 이것을 본 암컷은 수컷을 따라 둥지에 접근한다. 수컷이 둥지 입구를 향하여 주둥이로 쪼면 뒤따르

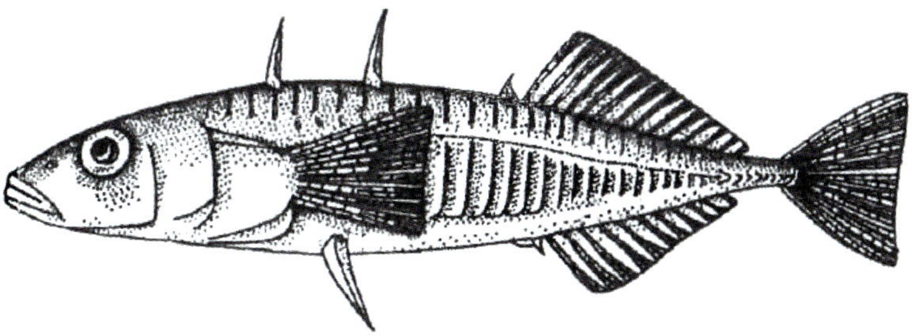

그림 2.8 큰가시고기 제1등지느러미의 가시

던 암컷이 둥지 속으로 들어간다. 암컷이 둥지 속에 있는 동안 수컷이 암컷의 꼬리 부분을 주둥이로 가볍게 치면 암컷은 자극을 받아 알을 낳고, 암컷이 둥지 밖으로 나오면, 수컷은 뒤따라 둥지에 들어가 정액을 뿌려 수정시킨다. 그런 다음 수컷은 둥지 주변을 돌면서 꼬리지느러미를 흔들어 물결을 보내 산소를 공급하다가 알이 둥지에서 떨어져 밖으로 나오면 알을 입으로 물어다 다시 둥지 속에 넣어 돌본다.

틴베르헌 교수는 큰가시고기의 이러한 행동을 주시하면서 암컷이 수컷에 유인되는 요인이 무엇인지 조사하였다. 먼저 큰가시고기 모형에 보통 때와 같이 암청색과 은백색을 칠하여 암컷과 수컷에게 보여주었는데 둘 다 공격적인 행동이나 아무런 반응을 보이지 않았다. 다시 큰가시고기 모형에 목과 배에 붉은색을 칠하여 암컷에게 보여주었더니 당장 갈 짓자 모양으로 움직이는 반응이 더욱 뚜렷하게 나타났다. 마지막으로 틴베르헌 교수가 모형 대신 붉은 색을 칠한 다른 물체를 암컷과 수컷에게 보여주니 가시고기 모형에 붉은색을 칠한 경우와 똑같은 반응을 보였다.

이러한 실험을 통하여 틴베르헌 교수는 큰가시고기의 행동 원인은 '붉은색'이라는 결론을 내고 이와 관련하여 '해발인 원리'를 발표하였다. 해발인이란 어떤 동물이 특정한 행동을 하도록 자극하는 자세나 동작, 색깔, 소리, 냄새 등을 말한다.

큰가시고기는 유럽, 아시아, 아메리카 대륙에서 긴 연안과 하천을 오가며 사는데, 우리나라에서도 주로 동해안과 남해 연안과 인접 하천에 분포한다. 1988년 이른 봄, 고리원자력발전소에서는 냉각수 유입구에 갑자기 몰려든 큰가시고기 떼로 인하여 취수시설이 망가지고 냉각수 공

그림 2.9 큰가시고기와 큰가시고기의 서식처(경남 양산군 재광천) 및 산란 둥지

급이 차단되어 발전이 중단되는 사고가 있었다. 저자는 이 문제와 관련하여 1988~1989년 한국전력발전소 조사용역으로 고리발전소에 인접한 경상남도 양산의 재광천에서 큰가시고기 집단의 생태 조사를 한 적이 있었다(그림 2.9).

이 지역에서는 큰가시고기를 '침고기' 또는 '베트공 고기'라고 부르는데, 그 이유는 이른 봄이 되면 큰가시고기 떼가 어김없이 나타나 그물을 망가뜨려 어부들을 몹시 괴롭혀 왔기 때문이다. 2월 중순이면 큰가시고기가 몇 마리씩 오다가 점점 그 수가 늘어나 2월 말과 3월 초에는 하루에 10~15만 마리가 포획된다. 3월 하순에는 숫자가 현저히 줄어들면서 그 이후에는 더는 찾아오지 않았다. 이러한 양상은 고리원자력발전소 사고 날짜와 일치하였다.

큰가시고기는 산란 습성이 특이하여 저자는 하천에 올라온 큰가시고기의 행동을 자세히 관찰한 적이 있다. 큰가시고기의 이러한 습성을 알고 이듬해 이른 봄에 원자력발전소 냉각수 유입구에 큰가시고기 떼의 접근을 사전에 방지하는 방안을 세웠는데, 전처럼 물고기 떼가 오기는 하였으나 큰 사고는 미리 막을 수 있었다.

하천에 올라온 큰가시고기는 암수로 나뉘어 행동하는데, 수컷은 큰 무리에서 분리하여 바닥에 있는 나무껍질이나 식물 조각을 모아 둥지를 만든다. 둥지는 수심이 30~40 cm 정도 되는 모래와 진흙이 섞인 바닥 1 m^2 면적에 2~3개 정도가 관찰된다. 산란이 가장 활발하게 이루어지는 때는 4월 초순으로 하나의 둥지에서 평균 1,500개 알을 낳는다. 산란 전 암컷 한 마리가 약 500개 알을 가진 것으로 보아 둥지 속의 알은 수컷 한 마리가 여러 마리의 암컷이 산란한 알에 수정을 하는 것으로 생각된다. 암컷은 산란 후 바로 죽지만, 수컷은 지느러미로 둥지에 물결을 일으켜 산소를 공급하고 다른 물고기들의 침입을 방어한다. 한 주가 지나 새끼가 부화하여 둥지 밖을 다니기 시작하면 수컷은 바로 바닥에 죽는다. 알에서 부화한 어린 새끼는 한 달 후 2 cm로 자라서 5월 중순이 되면 떼를 지어 바다로 내려가면 하천에서는 찾아볼 수 없다.

큰가시고기가 커다란 무리를 이루는 사례는 영국 동부 우드랜드 소택지에서도 있었는데, 그 숫자가 아주 많아서 주민들이 잡아내 비료로 사용하거나 기름을 짜내는 데 사용하기도 하였다. 우리나라 큰가시고기과 어류는 큰가시고기 이외에 가시고기와 잔가시고기가 동해 연안과 하천에 분포하는데 이들의 산란 행동도 매우 특이하여 학술적으로 주목되었다.

갯벌에서 뛰어다니는 짱뚱어와 말뚝망둥어

강 하구와 갯벌 그리고 바닷가 암초가 있는 곳에 사는 망둑어과Gobiidae 어류는 대부분 소형으로 몸길이는 5~10 cm이고, 부레는 지니고 있지 않다. 따라서 물속을 헤엄쳐 이동하는 대신 잘 발달한 가슴지느러미와 빨판 모양의 둥근 배지느러미를 이용하여 바닥을 기어 다니면서, 갯벌에 있는 소형 무척추동물과 바닥에 있는 규조류를 먹고 산다. 말뚝망둑어와 짱뚱어는 갯벌 위를 뛰어다니거나 몸을 질질 끌고 기어 다니면서 피부를 통해 부분적으로 공기 호흡을 하는 특이한 습성을 가지고 있다.

말뚝망둥어*Periophthalmus modestus*는 몸이 진한 회색이나 갈색을 띠며,

물이 빠져나간 갯벌 위를 꼬리로 움직여 뛰어다니는 습성이 있다. 말뚝망둥어의 생김새는 보통 물고기와 다르다. 머리는 크고 둥글며, 몸통은 원통 모양으로 길고, 머리 위쪽에 2개의 눈이 마치 잠수함의 잠망경처럼 볼록 튀어나와 있다(그림 2.10). 갯벌에 물이 들어오면 돌이나 말뚝을 타고 높은 곳으로 올라가 있거나 상반신을 물 밖으로 드러내 피부 호흡을 한다. 몸길이는 보통 10 cm 정도로, 주로 육상곤충, 갑각류, 저생규조류를 먹고 산다. 산란기인 6~7월이 되면 수컷은 갯벌에 깊이 40~50 cm의 L자형 굴을 파서 그곳에 보금자리를 만든 후, 뛰어오르며 암컷을 부른다. 암컷이 가까이 오면 수컷은 몸 색깔이 갑자기 변하면서 독특한 춤을 추어 암컷을 굴속으로 유인한다(그림 2.11). 암컷 한 마리가 굴 말단부 천정에 약 2천~5천 개의 알을 낳으면, 이곳에 수컷이 방정하여 수정시킨다. 알에서 어린 새끼가 부화하면 새끼는 부유 생활을 하다가 15 mm로 자라나면 갯벌 생활을 시작한다.

말뚝망둥어는 입안에 모세혈관이 잘 발달하여 공기로 호흡을 한다. 눈이 머리 위에 볼록하게 튀어나와 물 밖에 있는 모습을 보면서 사는 데 적응하여, 자주 머리를 물 밖으로 내놓고 있거나 밀물을 따라 바닷가로 나오거나 말뚝 위에 올라가기를 좋아하는 습성이 있다.

짱뚱어*Boleophthalmus pectinirostris*는 말뚝망둥어의 사촌격으로 함께 망둑어과에 해당한다. 짱뚱어의 몸길이는 15 cm로 말뚝망둥어보다 약간 크며, 회갈색 바탕에 청록색 반점이 옆구리와 등지느러미 막에 널리 산재하여 화려하게 보인다(그림 2.10). 짱뚱어는 말뚝망둥어 서식지보다 바닷물에 더 가까이에 있는 펄 바닥에서 살며, 잘 발달된 가슴지느러미를 노처럼 움직여 몸을 질질 끌고 다닌다. 이들은 바닥에 있는 황갈색 규조

그림 2.10 말뚝망둥어와 짱뚱어 및 서식처

류를 이빨로 갉아 먹으며 산다. 보통 썰물 때에는 4~5시간 노출된 갯벌에 살면서 갯벌 바닥에 직경 3~4 cm, 깊이 50~90 cm의 Y자형 굴을 만들어 놓는다(그림 2.11). 이 굴은 바닷물이 들어오거나 위험할 때 몸을 숨기는 피난처로 사용하고, 겨울에는 월동 장소로 이용한다. 산란기인 6~7월에는 이곳에 알을 낳아 보호하기도 한다.

짱뚱어도 두 눈이 머리 위로 튀어나와 30 m 떨어진 곳의 물체의 움직임도 볼 수 있을 정도로 시력이 좋아, 사람들이 접근하여 포획하기가 어렵다. 아가미 호흡과 피부호흡을 동시에 하는데, 육상에서 아가미 호흡이 가능한 이유는 아가미구멍이 매우 작아서 물의 증발을 최소화하기 때문이다.

말뚝망둥어와 짱뚱어 같은 저서성 망둑어과 어류들은 갯지렁이나 소형 갑각류가 풍부한 갯벌에서만 산다. 그러나 갯벌의 도움을 받는 건 이들 뿐만이 아니다. 갯벌과 강 하구에는 청어, 멸치, 숭어와 같은 많은 바다 물고기 새끼들의 먹이가 풍부하여 이들이 성장하는 보육 장소이다. 또한 전어, 밴댕이, 풀망둑어와 같은 기수역에 사는 물고기들의 산란 장소이며, 뱀장어 같은 회유성 어류의 이동 통로이다. 말뚝망둥어와 짱뚱

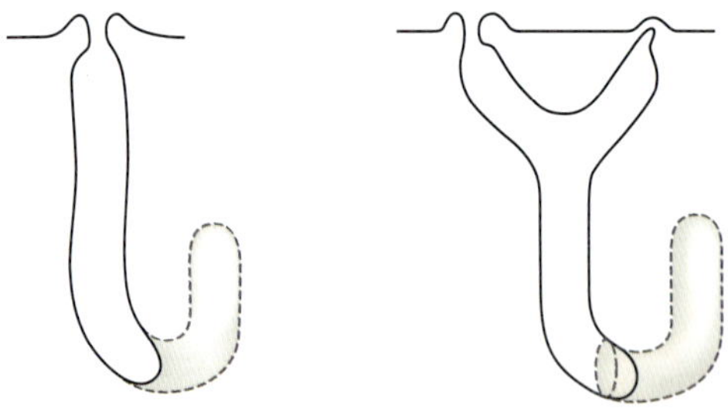

그림 2.11 말뚝망둥어(L자형)와 짱뚱어(Y자형)의 갯벌 서식 공간

어는 우리나라 서해안과 남해안 서부의 갯벌에 살고, 국외에서는 일본, 중국, 대만, 필리핀 및 오스트레일리아 연안에 분포한다.

과거에는 갯벌을 쓸모없는 버려진 땅으로 생각하는 경우가 있었다. 하지만 갯벌은 강 유역으로부터 흘러들어온 토사와 유기물이 퇴적되고, 저생 규조류가 많아서 다른 어느 수역보다 1차 생산력이 높은 곳이다. 또한 부착 미생물이 많고, 유기물을 섭식하는 소형 무척추동물의 밀도가 매우 높아서 강에서 흘러들어온 폐하수를 처리하는 수질 정화의 기능도 탁월한 수역이다. 이처럼 해양 생태계에서 중요한 역할을 하는 갯벌은 지금부터라도 소중히 여기고 보존하여야, 바다와 하천의 생태적 기능이 원활하여 생물다양성이 지속하므로 자연환경이 안정된다고 생각한다.

싸움꾼 버들붕어의 부성애

자식 사랑으로 잘 알려진 황제펭귄이 남극의 심한 추위에도 알을 따뜻하게 품고, 먹이를 다시 토해내 새끼들을 먹이듯이, 버들붕어도 새끼를 지극 정성으로 돌보는 물고기이다.

버들붕어의 학명 '마크로포두스 오셀라투스*Macropodus ocellatus*'는 '지느러미는 크고, 아가미뚜껑 위쪽에 청록색 둥근 점이 있다'는 의미로 명명되었다. 영어 이름인 'round-tailed paradise fish'는 '둥근 꼬리지느러미를 가진 환상적인 물고기'라는 뜻이다. '버들붕어'란 이름은 몸 모양이 버들잎처럼 얇고 납작해서 붙여졌고, 까불면서 빨빨대며 잘 돌아다니기

그림 2.12 버들붕어와 거품집

때문에 방언으로 '까불테기', 또는 크기가 작아 '팥붕어'로 불리우기도 한다. 중국에서는 싸우는 습성이 있어 '투어鬪魚'라 하며, 꼬리지느러미가 둥글게 보여 '원미투어圓尾鬪魚'라고도 부른다.

버들붕어는 몸길이가 4~6 cm인 소형 물고기로 몸 색깔은 진한 황색 바탕에 등 쪽은 녹색이다. 배 쪽은 옅은 갈색이며, 머리 아래에서 뒷지느러미 앞까지는 밝은 황색이다. 몸 옆면에는 10개 이상의 담황색 세로무늬가 있고, 아가미뚜껑 위에는 타원형의 청록색 반점이 뚜렷하다. 버들붕어는 기르기가 쉽고 생김새나 행동이 매우 특이하여 사람들이 관상용으로 자주 이용한다.

버들붕어는 연못이나 웅덩이 또는 물이 고인 습지의 수초가 많은 곳에서 수서곤충 유충을 먹는다. 수질 오염에 잘 견디는데, 그것은 아가미뚜껑 안쪽에 상새관上鰓管이라는 호흡기관이 있어 오염된 물속에서도 공기 호흡을 할 수 있기 때문이다.

버들붕어 수컷은 산란기가 되면 수초가 많은 수면에 거품과 끈적끈적한 점액을 분비하여 둥그스름한 거품집을 만든 후 산란하려는 암컷을 찾아 나선다. 이때 다른 수컷들을 만나면 한 마리의 암컷을 차지하기 위해 싸움을 벌인다. 작고 예쁜 모양과 달리, 버들붕어의 싸움은 매우 치열하여 주둥이로 다른 수컷의 몸을 여러 번 들이받으면 상대방은 견디지 못하고 물 위에 눙눙 떠 버린다. 중국 남부지방에서는 수컷의 이러한 습성을 이용하여 수컷 두 마리를 큰 그릇 안에 함께 넣어 돈을 걸고 싸움을 시키는 풍습도 있다.

치열한 싸움에서 이긴 수컷은 당당하게 암컷의 몸을 문지르거나 주둥이로 툭툭치고 암컷의 몸을 휘감는 열정적인 자세를 보인다. 수컷의 애정 표현을 받아들인 암컷은 미리 만들어 놓은 거품집 아래로 가서 배를 위쪽으로 향한 자세로 알을 낳는다. 이렇게 낳는 알은 비중이 가벼워 물 위에 떠 오르다가 거품집 안으로 들어가게 된다. 수컷은 암컷이 알을 낳는 동안 둥지 주변에서 지켜보다가 거품집 밖으로 벗어난 알이 있으면 재빨리 물어다 다시 거품집 안으로 집어넣는다. 산란이 끝나면 수컷도 배를 위로 향하여 정액을 뿌리고, 주변에 있는 다른 암컷들을 매정하게 쫓아 버린다.

수컷은 거품집 아래 10 cm 정도 떨어진 곳에서 45도 각도로 비스듬하게 자리를 잡고 정지한 채로 수정란을 주시하면서, 가슴지느러미와 꼬리지느러미로 천천히 물을 순환시켜 부화를 돕는다. 이때 알에서 일찍 부화한 새끼가 거품집을 벗어나면 입으로 물어다 다시 거품집으로 되돌려 놓기도 한다. 만일 수정란을 해치려는 상대가 나타나면, 수컷은 결사적으로 공격한다. 가령 사람이 수조 앞에 다가서면 버들붕어 수컷은 가슴지느러미를 활짝 펴고 마치 수탉이 싸우는 것처럼 앞으로 돌진하는데, 소리가 날 정도로 수조 유리에 세게 부딪히기도 한다. 또한 수면 위에서 거품집 가까이 손을 가져가면, 수면 위 15~20 cm 높이까지 제트기처럼 솟구쳐 튀어 올라 위협을 주기도 한다. 이처럼 알과 새끼를 보호하는 수컷의 부성애는 버들붕어 외에도 꺽지, 좀구굴치, 배스, 큰가시고기 등의 물고기에서 찾아볼 수 있다.

버들붕어는 우리나라 전역과 섬 지방에서도 흔히 볼 수 있었지만, 이제는 하천 환경이 크게 훼손되고 수질이 오염되어 쉽게 찾아볼 수 없게 되었다. 수족관을 경영하는 사람들의 말에 의하면, 버들붕어는 관상용으로 찾는 사람들이 많아 전에는 자연산 버들붕어를 포획하여 공급하였지만, 요즈음에는 찾기가 워낙 어려워 비싼 돈을 주어도 구하기가 어렵다고 한다. 자손을 번식시키기 위하여 거품집까지 만드는 방법까지 고안해 낸 버들붕어, 강한 투쟁력으로 어려운 환경을 버텨온 그들이 사라지면 사람들이 자연에서 그러한 자리를 차지하면서 수행할 수 있을지 의문이다.

3장

자연유산 우리 물고기 생물학 노트

세계에 자랑할 만한 우리 물고기 쉬리

우리나라 중남부 하천의 맑고 빠르게 흐르는 여울에 사는 쉬리는 세계에 자랑할 만한 우리의 고유한 담수어류다. 몸매가 매우 아름답고 날렵하여 지방마다 여울각시, 여울치, 연애각시, 딸치, 기생피리라는 방언으로 불린다. 쉬리는 1935년, 일본 어류학자 모리森為三 박사가 북한강 상류의 회양에서 처음으로 발견하여, '한국의 찬란하고 화려한 황어'라는 의미의 학명인 '코레오레우시스쿠스 스프렌디더스*Coreoleuciscus splendidus*'로 발표하였다.

쉬리의 몸길이는 10 cm 정도이며 약간 긴 원통형으로, 주둥이 끝은 뾰족하고 몸통과 미병부는 약간 납작하다. 등 쪽은 검고 배 쪽은 은백색이며 몸 옆구리 중앙에는 폭이 넓은 황색 띠가 있다. 그리고 그 위에 주황색, 보라색, 진한 남색 띠가 옆으로 이어져 마치 색동옷처럼 아름답게 보인다. 머리에는 주둥이 끝에서 아가미뚜껑 끝까지 검은 띠가 있고 등지느러미, 꼬리지느러미, 배지느러미에도 검은 줄무늬가 있다. 쉬리가 흰 물결을 거슬러 힘차고 빠르게 헤엄치는, 생기가 넘치는 모습은 보는 사람들에게 즐거움을 준다(그림 3.1).

쉬리는 맑고 찬 물이 흐르고 자갈이 깔린 여울 바닥에 떼를 지어 헤엄치다가, 사람을 만나면 돌 틈으로 빠르게 숨어 들어가 돌 밑에 붙어있는 하루살이나 강도래 유충을 먹고 산다. 쉬리는 수온이 20~25℃ 정도 오르는 5월 초부터 6월 중순까지 수심 10~20 cm 가량의 여울부 돌 밑에 직경 2 mm 정도의 1,000여 개 알을 낳아 수정시키고 돌 위에 점착시킨

그림 3.1 쉬리와 그 서식처

후, 4일이 지나면 알은 어린 새끼로 부화한다. 새끼는 16일 정도가 지나면 몸길이 9 mm로 자라 돌에 붙어있는 부착조류를 먹고, 54일 정도가 지나 4 cm 정도 자라면 옆구리에 쉬리만의 독특한 무늬가 생긴다. 그 후 만 1년이 되면 5~6 cm로 커지고 만 2년이 지나면 8~9 cm로 성숙한 개체가 된다.

1973~1974년, 저자는 한강 조종천 4개 수역에서 32종 어류를 조사하였다. 우세 종 순으로 보면 피라미, 배가사리, 쉬리, 동사리, 퉁가리, 참마자가 출현하였는데 비교적 쉬리가 우세하게 나타난 편이었다. 1978년, 전주천 어류 조사에서도 상류인 상관에서 출현한 18종 가운데 쉬리가 참종개 다음으로 우점하였지만, 최근에는 희소하여 찾아보기가 어렵게 된 이유는 그들의 서식지가 오염되었거나 훼손되었기 때문이다.

1978년 가을에 루마니아의 어류학자 바나레스쿠Petru Banarecu 박사로부터 장문의 편지를 받은 적이 있었다. 그는 잉어과 어류의 계통을 연구하던 중, 한국 쉬리의 계통 관계가 불분명하여 유럽의 유명한 여러 자연사박물관에 쉬리 표본의 소장 여부를 문의하였다고 한다. 하지만 가지고 있는 곳이 없어 저자에게 쉬리 표본 제공을 부탁하였고, 저자는 쉬리의 표본 다섯 개체를 보낸 적 있다. 그 후 바나레스쿠 박사는 답장을 통하여 쉬리 표본을 조사 연구를 한 결과, 쉬리를 잉어과(Cyprinidae)의 모래무지아과(Gobioninae)에 해당하는 한국 고유속 '코레오레우시스쿠스 *Coreoleuciscus*'로 학술적으로 연구가치가 큰 종으로 확인하였고, 이처럼 소중한 표본을 소장하게 되어 매우 기쁘다고 하였다.

1년 후, 루마니아 부쿠레슈티에 큰 지진의 보도를 보고 저자는 바나레스쿠 박사에게 안부를 묻는 전보를 보냈는데, 큰 피해는 없었고 쉬리 표본도 잘 보존하고 있다는 편지를 받았다. 그로부터 20년이 지난 1998년 6월 6일부터 6월 16일까지 저자는 바나레스쿠 박사를 한국에 초청하여 전북대학교 연구실과 우리나라 담수어류 서식지 현지에서 고유 어류를 조사하면서 함께 논의하는 의미 있는 일정을 가졌었다(그림 3.2). 바나레스쿠 박사가 한강과 금강에서 쉬리를 채집하여 손에 만져보면서 기뻐하였던 모습은 지금도 쉬리를 볼 때마다 떠오른다.

한여름 은빛처럼 물살이 튀기는 여울에서 살아있는 쉬리를 손에 놓고 보면 체측 중앙에 폭넓은 황색 띠 위에 겹쳐지는 초록색, 파란색, 보랏빛의 오색 띠는 매우 환상적이다. 이러한 쉬리의 힘차고 활달한 모습은 우리나라 금수강산에서 이루어졌다고 생각하면서, 저자는 쉬리를 우리나라를 대표하는 물고기로서 국가에서 자연 문화재로 지정하여 보존

그림 3.2 바나레스쿠 박사와 저자

그림 3.3 쉬리(▲)와 참쉬리(●)의 분포도, ■는 참쉬리의 모식산지

하였으면 한다.

한반도에 분포하는 220여 종의 민물고기 가운데 70여 종의 한국 고유종 대부분은 하천 여울부의 자갈과 모랫바닥에 살고 있다는 점에 주목할 필요가 있다. 쉬리를 비롯한 여울마자, 배가사리, 돌상어, 꾸구리, 흰수마자, 어름치, 참마자, 돌상어, 감돌고기, 가는돌고기, 참종개, 왕종개, 기름종개, 수수미꾸리, 새코미꾸리, 퉁가리, 자가사리, 퉁사리 등은 모두 우리나라 고유종이다.

쉬리는 한강과 임진강, 낙동강, 금강, 섬진강, 만경강, 삼척오십천, 거제도와 남해도 등에 분포하는 것으로 알려져 있었다. 하지만 2015년에 순천향대학교의 송하윤, 방인철 박사는 낙동강과 섬진강 수계에 사는 쉬리는 녹청색 줄무늬 체색과 지느러미 검은 줄무늬 반점 그리고 분자유전적인 특징이 쉬리와 다르다는 점을 근거로 하여 새로운 종 '코레오레우시스쿠스 아이루지노스*Coreoleuciscus aeruginos*'로 명명하고 국명을 '참쉬리'로 발표하였다(Song and Bang, 2015).

신출귀몰하며 탁란하는 감돌고기

감돌고기는 일제 강점기인 1935년, 일본인 모리 박사가 금강의 충청북도 영동군 황간면에서 처음으로 발견하여 '슈도풍퉁기아 니그라*Pseudopungtungia nigra*'라는 학명으로 신종을 발표하였다. 그 후 금강의 지류인 충청남도 보령군의 웅천과 전라북도 완주군의 만경강에서도 감돌고기 분포가 알려졌지만, 1990년에 웅천 상류에 보령댐이 조성되면서 그 서식처가 크게 파괴되어 모두 사라졌고, 금강과 만경강에서도 오염과 개발로 개체 수가 전보다 희소해져서 찾아보기가 쉽지 않다.

감돌고기는 몸길이가 보통 7~10 cm 정도인데 몸이 기다랗고 옆으로 약간 납작하며 머리는 작고 뾰족하다. 입 가장자리는 약간 부풀어 말굽처럼 보이고, 그 가장자리에는 한 쌍의 작은 입수염이 있으며, 체측 중앙에는 넓은 폭의 흑갈색 줄무늬가 있다. 그리고 가슴지느러미를 제외한 모든 지느러미 기조에 흑갈색 띠가 있다. 감돌고기는 맑은 물이 흐르는 여울의 자갈 바닥에 떼를 지어 다니면서 자갈에 붙어있는 부착조류나 수서곤충을 먹고 사는데 만 2년이 지나면 전장 7~9 cm로 자란다(그림 3.4).

2011년, 금강 상류의 진안 주자천에서 이흥헌 박사는 감돌고기가 자기의 산란장을 만들지 않고 꺽지의 산란장에 산란하는 습성을 조사하여 발표하였다. 감돌고기는 산란기가 되면 감돌고기 수컷 20여 마리와 암컷 1~2마리는 꺽지 산란장을 맴돌면서 꺽지의 알을 먹거나, 감돌고기 암컷은 꺽지의 방어 행동이 느슨해진 틈에 꺽지의 산란장에 접근하여 알 덩어리를 붙인다. 그리고 여러 마리의 감돌고기 수컷이 따라와 정액을 뿌린다. 꺽지알은 크고 노란빛을 띠지만 감돌고기 알은 작고 분홍빛을 띠어 쉽게 구별된다. 산란장 수온이 19~20℃일 때 감돌고기 알은 산란 후 10일 만에 먼저 부화하지만, 꺽지의 알은 산란 후 약 14일 만에 감돌고기보다 나중에 부화한다. 감돌고기의 암컷은 산란을 마치고 곧 산란장을 빠져나와 다른 곳으로 이동하여 나가지만, 꺽지 수컷은 산란장을 지키고 죽은 알을 제거한다. 그 후 가슴지느러미로 물결을 일으켜 산란장에 산소를 제공하는 일을 하다가 꺽지알이 부화하면 그 자리를 떠난다(이흥헌, 2011).

그림 3.4 감돌고기와 산란장

감돌고기처럼 자기의 알을 다른 종의 산란장에 낳아 부화시키는 습성을 탁란托卵, brood parasite이라고 한다. 탁란의 사례로는 뻐꾸기가 다른 새의 둥지에 몰래 알을 낳으면 자기 대신 다른 새가 뻐꾸기 새끼를 키우는 현상이 있다. 이흥헌 박사는 돌고기와 계통적으로 가까운 가는돌고기*Pseudopungtungia tenuicorpa*와 돌고기*Pungtungia herzi*도 꺽지의 산란장에다 알을 낳는 사실을 알아냈다.

감돌고기와 같은 속에 해당하는 가는돌고기는 1980년에 전상린, 최기철 박사가 한강 상류에서 처음으로 발견하여 기재 및 발표하였다. 가는돌고기는 나중에 임진강에 분포한다는 사실이 알려져 생물지리적으로 주목되었다. 감돌고기와 가는돌고기는 공동 조상에서 유래하였지만, 한강 수계와 금강 수계가 분리된 이후에 지리적 분단으로 인하여 서로 다른 종으로 분화되었다고 생각한다.

금강 상류에서도 대청댐과 용담댐이 들어서면서 자연 서식지가 모두 사라지고 운일암반일암 계류 집단이 남아 겨우 명맥을 이어가는 가운데 2005년 3월, 관광지로 잘 알려진 진안군의 운일암반일암에 수중보 설치 공사가 진행되었다. 그러자 이 지역 환경단체가 한국 고유종인 감돌고기의 서식지 피해가 예상된다고 문제를 제기하여 공사가 일시적으로 중단되기도 하였다. 그러나 나중에 공사 규모를 축소 또는 변경하는 조건으로 공사가 재개되었다.

감돌고기, 가는돌고기, 돌고기와 꺽지가 사는 서식처에 대형 댐이 축조되거나 하천에서의 골재 채취와 하천의 개수, 복구공사, 주변의 마을이나 농경지에서 배출되는 오 · 탁수의 영향으로 감돌고기, 가는돌고기, 돌고기, 꺽지 생존이 크게 위협받는다. 수백만 년 혹은 수만 년 동안 이 땅에서 살아온 우리 고유한 물고기를 보전하는 것은 우리 세대에게 주어진 중요한 시대적 사명이라고 생각한다. 2005년, 환경부에서는 감돌고기와 가는돌고기 등을 모두 멸종위기 어류로 지정하여 관리하고 있다.

하천을 지키는 무서운 포식자 꺽지

농어목Perciformes의 쏘가리과Sinipercidae 어류는 동아시아의 담수역에 2속 13종이 분포한다. 우리나라에는 쏘가리, 꺽지, 꺽저기 2속 3종이 분포하며 꺽지는 우리나라에만 사는 한국 고유종이다.

꺽지는 러시아의 어류학자 헤르젠슈타인Solomon Herzenstein이 1896년, 한강 최상류인 강원도 회양 풍동에서 발견하여 '헤르젠슈타인이 발표한 한국의 농어류'라는 의미로 학명 '코레오페르카 헤르지*Coreoperca herzi*'로 명명되었다. 그러나 이보다 75년 전인 1820년 조선 정조 때 서유구는 지방 어족을 조사해서 기록한 『난호어목지』에 근과목피어斤過木皮魚라는 이름으로 다음과 같이 꺽지를 상세히 기록하였다.

> 근과목피어는 무게가 한 근 이상으로 나무껍질과 비슷하게 생긴 모양으로 붕어와 비슷하지만 검고 입은 넓고 비늘은 잘며 꼬리지느러미는 갈라지지 않는다. 등에서 꼬리에 이르기까지 긴 등지느러미가 있는데 매우 거칠다. 숨을 곳을 찾지 못하는 듯이 돌 밑을 민첩하게 드나든다. 그러나 특히 등지느러미가 거친 까닭에 그물에 잘 걸린다. 큰 것은 몸길이가 8~9촌(24~27 cm)으로 작은 물고기나 새우를 삼킬 수 있다. 그래서 이 물고기를 낚는 사람은 반드시 새우를 미끼로 쓴다(최기철, 1976).

다 자란 꺽지의 몸길이는 보통 12~20 cm이다. 몸은 약간 납작하고 몸높이가 높으며 입이 크다. 주둥이는 앞으로 튀어나왔는데 위턱 말단은 눈 아래 닿는다. 제1등지느러미에 12~14개의 딱딱한 가시의 극조가 있고, 제2등지느러미에 11~13개의 연조가 있으며, 뒷지느러미에는 3개의

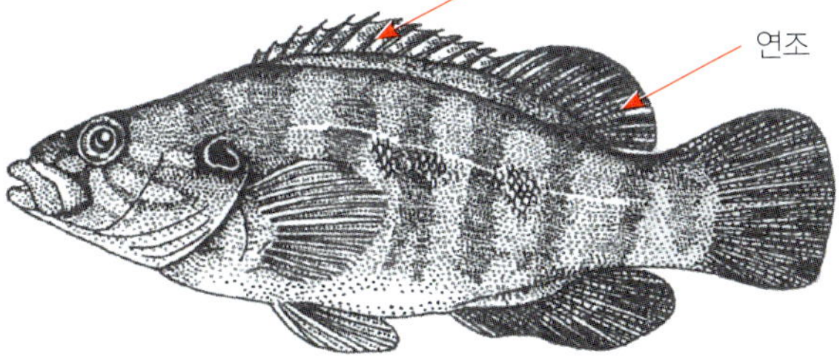

그림 3.5 꺽지

극조와 8개의 연조가 있다. 측선 비늘은 52~66개이다. 몸에 진한 녹갈색 광택을 띠고 옆구리에는 수직으로 7~8개의 검정색 띠가 있다(그림 3.5).

꺽지는 주변 상황이 달라지면 몸 색깔이 옅은 황갈색이나 회색으로 변하고 물속에서 공격할 때면, 이기미를 크게 벌려 아가미 끝에 있는 청록색의 둥근 반점이 있어, 마치 눈이 네 개 달린 것처럼 보여 상대방을 크게 위협한다. 거기에 등지느러미와 뒷지느러미 그리고 아가미뚜껑에 억센 가시가 있어 무서운 포식자의 모습을 갖추고 있다.

꺽지의 산란기는 수온이 18~23℃에 이르는 5~6월 경이다. 5월 초순이 되면 꺽지 수컷은 서식처 바위나 자갈의 아랫면을 주둥이나 가슴지느러미와 배지느러미로 깨끗이 청소하여 1 m^2 넓이 산란 구역을 만든다. 그리고 다른 물고기나 동물들이 들어오지 못하게 방어하는 세력권territory을 만들고 암컷이 가까이 오면 수컷은 암컷의 배에 머리를 맞대어 산란장으로 유인한다.

암컷이 산란장 바닥에 복부를 밀착하고 이를 이리저리 반복하여 이동하면서 5~6열로 알을 낳으면, 수컷은 그 알에다 정액을 뿌려 수정시킨다. 암컷은 산란 후 산란장을 바로 떠나지만, 수컷은 그 자리에 남아

그림 3.6 꺽지와 꺽저기

서 알이 부화할 때까지 가슴지느러미로 물결을 보내 산소를 공급하고 다른 물고기의 접근을 방어한다. 그리고 죽은 알은 제거하는데, 10여 일을 돌보는 동안 어린 새끼가 부화하면 수컷은 다른 곳으로 이동한다.

꺽저기*Coreoperca kawamebari*는 1842년에 일본에서 처음으로 보고된 후 우리나라의 탐진강, 낙동강, 거제도에서도 알려지게 되었다. 몸은 전장 6~13 cm로 외형으로 꺽지와 비슷하나 눈이 비교적 작고 양안간격이 넓으며 측선 비늘 수가 33~40개(꺽지는 52~66개)이다. 하천 중류의 느리게 흐르는 자갈과 모래에서 주로 수서곤충의 유충을 먹으며, 산란기는 4~5월로 수컷은 산란장을 지키는 습성이 있다.

꺽지와 쏘가리는 야행성으로 밤에 큰 바위 밑에 숨어 있다가 다른 물고기가 지나가면 쏜살같이 나와 큰 입과 이빨로 잡아먹는다. 날도래 애벌레나 작은 새우류를 먹는데, 먹이를 습격할 때는 맹수와 같은 위력을 보이기도 한다. 생태계 안에서 포식자는 모든 생물을 다 잡아먹지 않고 무리 가운데서 약하거나 병든 개체를 먼저 잡아먹음으로써, 군집에 있는 개체 수를 조절하여 건강하고 튼튼한 유전자를 가진 집단을 유지하도록 조절한다. 그러나 외래종인 블루길이나 배스가 정착하여 우세해지면서 살아있는 물고기들을 닥치는 대로 섭식하여 물고기의 다양성을 감소시키는 심각한 문제를 일으키고 있다.

조개 몸속에 알을 낳는 납자루아과의 다양한 어류들

'민물조개가 물고기를 잡아먹고 사는가?'라고 질문하는 전화를 받은 적이 있다. 친구들과 이야기를 하는 중, 조개 몸속에 어린 민물고기가 있는 것을 보고 이런 주장을 하여 확인하기 위해 전화를 하였다고 한다. 물고기가 조개 몸속에 들어있는 것은 조개가 물고기를 잡아먹었기 때문이 아니고, 물고기의 어린 새끼가 조개 몸속으로 우연히 들어갔기 때문도 아니다. 그것은 민물고기 가운데 납자루 종류인 물고기가 조개 몸속에다 알을 낳아 거기서 부화해서 자란 모습을 본 것이라고 설명해 주었다.

잉어나 붕어는 수초에다 알을 낳아 붙이고, 어름치는 돌 틈에 알을 낳고 돌탑을 쌓아 보호하며, 퉁가리과 어류는 돌 밑에 포도송이 모양의 알 덩어리를 낳아 부화할 때까지 지키기도 한다. 버들붕어는 수면에 거품으로 집을 만들어 그 속에 산란하고, 큰가시고기는 진흙과 지푸라기를 모아 둥지를 만들며 그 안에 산란하고 부화시키는 습성을 가지고 있다.

잉어과 어류 가운데 몸이 작고 납작한 납자루아과(Acheilognathinae) 어류는 민물조개의 몸 안에 알을 낳는 특이한 방식의 산란을 한다. 이러한 납자루아과 어류는 봄과 초여름의 산란기에 수컷의 몸에 매우 화사하고 아름다운 혼인색을 나타내는 습성을 가지고 있어, 관상용뿐만 아니라 생물학 연구재료로도 많이 이용하고 있다. 전 세계에 납자루아과 어류는 40여 종이 알려졌는데 유럽과 지중해 하천에 사는 3종을 제외한 대부분이 중국, 한국, 일본, 대만, 베트남 등의 동남아시아의 담수역에 분포한다.

한국의 납자루아과 어류의 분류적인 연구는 영국 대영박물관의 리건 Charles Regan 박사가 1908년, 청주에서 채집한 큰납지리를 '아칸소로데우스 그라시리스*Acanthorbodeus gracilis*'로 처음으로 기재한 이후, 여러 서구 학자와 일제 강점기에 일본인 학자들에 이어, 우리나라의 정문기(1961, 1977), 최기철(1980), 전상린(1980) 박사 등이 조사하여 발표하였다. 저자 역시 1982년에 납자루아과 어류를 전국 여러 지역에서 표본을 채집하여 형태적 특징을 비교하고 검색표를 작성하여 1982년, 한국 납자루아과 3속 14종을 발표하였다(김익수, 1997).

우리나라에는 납줄개속*Rhodeus*에 흰줄납줄개, 한강납줄개, 각시붕어, 떡납줄갱이, 서호납줄갱이 5종과 납자루속*Acheilognathus*의 납자루, 묵납자루, 납자루, 임실납자루, 줄납자루, 큰줄납자루, 납지리, 큰납지리, 가시납지리 9종 모두 2속 14종으로 그 가운데, 한강납줄개, 각시붕어, 서호납줄갱이, 묵납자루, 칼납자루, 임실납자루, 줄납자루, 큰줄납자루 8종은 한국의 고유종이다(그림 3.7).

1939년, 일본인 어류학자 우치다内田恵太郎는 우리나라 밀양강에 사는 칼납자루를 일본 서남부 하천에 사는 일본산 칼납자루*Acheilgnathus limbata*와 같은 종으로 간주하여, 『조선어류지』에 형태와 생태 및 생활사에 대하여 자세히 기록하였다. 그러나 그 후 국내 연구자들은 한국의 칼납자루와 일본 칼납자루의 알 모양에 차이가 있고, 서로 교잡이 이루어

그림 3.7 한국 납자루아과 어류

지지 않는다는 내용을 논문을 통하여 지적하였다.

저자 역시 우리나라의 칼납자루와 일본산 칼납자루가 같은 종인지 다른 종인지 궁금하여 조사를 시작하였다. 마침 1990년, 전북대학교 대학원에서 학위논문을 준비하던 김치홍 박사에게 이 문제를 주제로 하여 학위논문을 쓰길 권유하였고, 일본산 칼납자루와 한국산 칼납자루를 비교 조사하기 위하여 칼납자루*A. limbata*가 처음으로 기재 및 발표한 표본의 모식산지type locality인 일본 나가사키에 가서 표본 채집을 시도하였다. 그러나 불가피한 사정으로 표본을 구하지 못하고 돌아왔다. 이런 사실을 추후에 알게 된 일본 규슈 대학의 기무라木村清朗 교수가 직접 나가사키 부근에서 살아있는 일본산 칼납자루 표본을 채집하여 김포공항으로 공수하여 보내주어 생물학과 실험실에서 한국 칼납자루와 비교하고 교배 실험을 할 수 있었다.

조사 결과, 일본 칼납자루와 한국산 칼납자루는 생김새가 매우 비슷하였지만, 일본산 칼납자루는 한국산 칼납자루보다 주둥이 길이가 짧고 두 눈 사이의 간격이 넓었다. 또한 한국 칼납자루의 알은 장타원형으로 난할이 위쪽에서 진행하는데 비하여, 일본 칼납자루의 알은 둥근형으로 측면에서 난할이 일어나 두 집단 사이에 확연한 차이가 있음을 다시 확인하였다. 칼납자루의 일본산 표본과 한국산 표본 사이에 교잡이 일어나지 않는다는 사실을 확인한 후 1990년, 한국산 칼납자루는 일본산 칼납자루와 분류적으로 구별되어 아직 알려지지 않은 신종인 '아케이로그나더스 코리엔시스*Acheilognathus koreensis*'라는 학명으로 <한국어류학회지

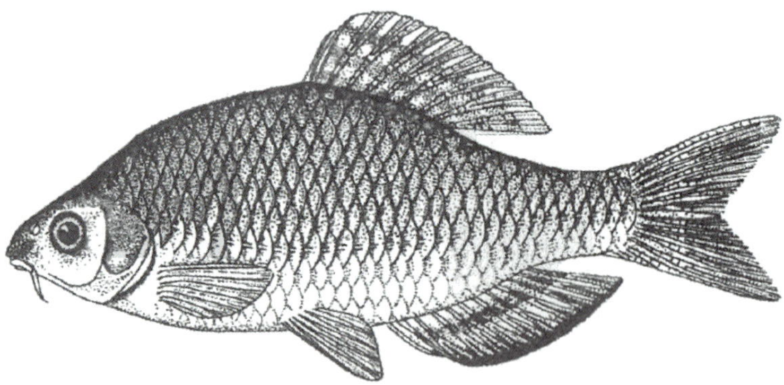

그림 3.8 칼납자루(*Acheilognathus koreensis* Kim and Kim, 1990)

>에 발표하고 국명은 이전에 전처럼 '칼납자루'라 하였다. 우리나라 칼납자루는 학계에 알려진 지 60년이 지나서야 비로소 바른 학명을 가지게 되었다(그림 3.8).

칼납자루는 몸길이가 5~8 cm 정도이며 옆면이 납작하고 몸높이는 높은 편이다. 입수염 한 쌍이 있고 눈이 크며, 등 지느러미의 연조는 8~9개, 뒷지느러미의 연조는 10개, 측선의 비늘 수는 34~36개이다. 몸은 대개 암갈색으로 등 쪽이 매우 진하고, 배 쪽은 담황색을 띤다. 체측에 뚜렷한 무늬는 없으나 산란기인 5월이 되면 수컷의 몸 중앙이 진녹색으로 변하고, 등지느러미와 뒷지느러미 가장자리에 흑색과 담황색의 넓은 띠가 생긴다. 암컷은 수컷처럼 혼인색이 뚜렷하지 않지만, 총배설강 바로 앞에 약간 검게 보이는 산란관이 생긴다. 칼납자루는 각시붕어처럼 조개의 몸 안에 알을 낳으며, 성숙한 칼납자루 암컷 한 마리의 몸속에는 보통 50여 개의 알이 있다. 이는 다른 민물고기에 비해 아주 적은 편이다.

우리나라 칼납자루의 진짜 이름을 찾아줄 수 있었던 데는 알 모양의 차이가 큰 몫을 하였다. 우리나라 칼납자루의 알 모양은 긴 타원형이고, 일본산 칼납자루의 알은 둥근형이어서 쉽게 구별할 수 있었다. 섬진강에서 칼납자루 집단을 조사하던 중, 알이 긴 타원형과 다른 마름모 모양인 집단을 처음으로 발견하였다. 이것이 혹시 일본산 칼납자루의 알이 아닌가 의심하였지만, 자세히 보니 일본산 칼납자루의 둥근 모양과는 확실히 구분되는 마름모형이었다.

우리는 마름모 모양의 알을 가진 섬진강 표본을 장타원형 알을 가진 칼납자루와 외부 형태를 비교하여 보았다. 처음엔 큰 차이점을 찾아내지 못하였는데, 암컷의 산란관 길이가 서로 다르다는 사실을 알게 되었다. 긴 타원형 알을 가진 섬진강 칼납자루의 산란관은 짧고 가느다란 반면, 마름모 모양의 알을 가진 섬진강 칼납자루는 산란관이 길고 약간 굵고 길어서 그 말단이 꼬리지느러미 기부를 지나고 있었다.

그렇다면 긴 타원형 알을 가진 칼납자루와 마름모 모양의 알을 가진 섬진강 칼납자루 집단이 사는 서식 환경에는 어떤 차이가 있을까? 저자는 대학원생들과 함께 두 집단이 함께 사는 임실 관촌 수역에서 조사하였다. 짧은 산란관을 가진 칼납자루와 긴 산란관을 가진 섬진강 칼납자루가 함께 출현하는 것을 보면서, 그 집단 사이에 어떤 생태적 차이가 있을 것이라고 생각을 하였다. 그래서 우선 자갈 바닥을 이루고 있는 곳과 펄과 모래가 섞인 곳을 구분하여 조사하였다. 예상했던 대로 자갈 바닥이 있는 수역에서는 산란관이 짧고 긴 타원형 알을 가진 칼납자루가 채집되었고, 펄 바닥인 곳에서는 긴 산란관과 마름모형 알을 가진 집단이 확인되어 두 집단의 미세 서식처가 서로 다르다는 사실도 알게 되었다.

이번에는 물고기의 외형적인 차이를 살펴보았다. 생김새에서는 큰 차이가 없었으나 혼인색에서 긴 타원형을 가진 집단의 수컷은 산란기에 흉복부가 노랑색을 띠지만, 마름모 모양의 알을 가진 집단의 수컷은 산란기에 흉복부가 선홍색을 띠고 있어, 두 집단 사이의 차이를 알 수 있었다. 그 후 우리는 섬진강에서 마름모형 알을 가진 집단을 새로운 종으로 판단하여, 1991년에 <한국어류학회지>에 섬진강에 산다는 뜻으로 '아케이로그나더스 섬진엔시스*Acheilognathus somjinensis*'라 명명하였고, 이 종을 전북 임실군 관촌에서 처음 찾았기에 국명을 '임실납자루'라고 하였다. 나중에 임실납자루는 임실과 섬진강의 다른 여러 수역에서도 확

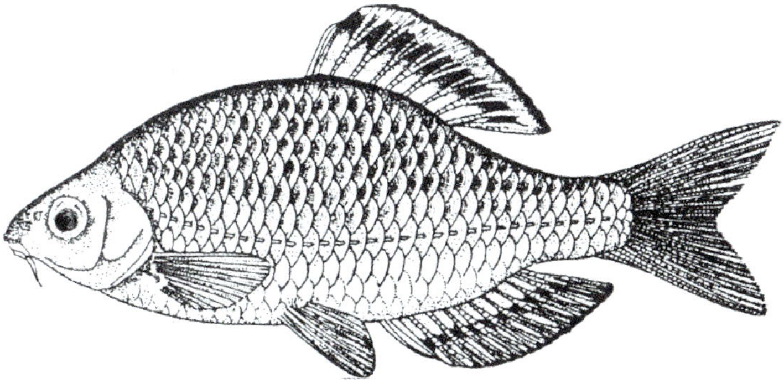

그림 3.9 임실납자루(*Acheilognathus somjinensis* Kim and Kim, 1991)

인되었다(그림 3.9).

산란 습성에서도 임실납자루와 칼납자루 사이에 차이가 있다는 사실을 알게 되었는데, 짧은 산란관과 긴 타원형 알을 가진 칼납자루의 산란 시기는 3월에 시작되어 7월까지이고, 산란 성기는 5~6월이며, 몸길이가 4 cm인 성숙한 암컷은 17~27개의 알을 가지고 있다. 임실납자루는 수심이 비교적 얕은 펄 바닥에 사는 민납작조개*Lamprotula somjinensis*와 부채두드럭조개*Inversiunio verrucosus*를 선택하여 산란하지만, 긴 타원형의 알을 가진 칼납자루는 큰 돌이나 바위와 수초가 있는 수역에 사는 말조개*Unio douglasiae*와 작은말조개*U.d.sinuolatus*에 선택하여 산란하였다. 그리고 임실납자루는 10~30개의 성숙란을 조개의 새엽 중간에 흩어 산란하였지만 칼납자루는 조개의 출수관 가까이에 40~120개의 성숙란이 난괴 상태로 놓여 있었다(양현, 2004).

양현 박사는 이 두 종의 조개에 대하여 설명하면서, 섬진강 수계에서 사는 공동 조상으로부터 미소서식지 차이와 산란 숙주 조개에 관한 선

그림 3.10 임실납자루와 칼납자루 암컷의 산란관, 알모양, 조개 속의 알

택성에 의해서 같은 장소에서 분화가 이루어진, 동소적 종분화sympatric speciation 과정에 의한 것이라고 보고하였다.

임실납자루는 분포지가 매우 좁고 미소서식지가 특이한 데다, 민납작조개와 부채두드럭조개에만 산란하기 때문에 서식지 보존이 시급하여 2012년, 환경부에서는 이를 멸종위기 야생생물 1급으로 지정하여 보호하고 있다.

눈쟁이 송사리와 대륙송사리의 생물학

사람들은 하천에서 가장 작은 물고기나 새끼 물고기들 무리를 볼 때 흔히 송사리 혹은 송사리 떼라 일컫거나 혹은, 대수롭지 않은 존재를 부정적으로 표현할 때 송사리로 비유하기도 한다. 그러나 송사리는 크기가 가장 작은 어류임에도 관상용으로도 널리 애용되었을 뿐만 아니라, 척추동물의 유전학과 생리학 실험, 화학 독성 및 방사선 실험의 연구재료

그림 3.11 송사리와 대륙송사리

로 널리 사용되어 현대 생물학 발전에 크게 공헌하였다.

전에는 물이 잔잔하게 흐르는 옅은 도랑이나 하천에 고여있는 저수지, 혹은 연못과 습지에서 사는 송사리 무리를 흔히 볼 수 있었지만, 요즈음에는 수질 오염과 습지 개발로 인하여 찾아보기가 쉽지 않다.

송사리과Adrianichthyidae에 해당하는 물고기 종류는 인도네시아를 중심으로 아시아에 4속 25종이 분포하는데, 우리나라에는 송사리와 대륙송사리 2종이 살고 있다. 송사리*Oryzias latipes*의 학명 '오리지아스*Oryzias*'는 라틴어로 '쌀rice'인데 논에 주로 산다는 의미이고, '라티페스*latipes*'는 라틴어 '넓은 발platipus'이란 의미로 '넓은 뒷지느러미'를 가졌다는 점을 표현한 것이다. 영어로는 '라이스피시rice fish'라고 한다.

대륙송사리*O. sinensis*의 종명 '시넨시스*sinensis*'는 표본이 처음 발표된 '중국'을 라틴어화한 것이다. 우리말 방언으로 사용하는 '눈쟁이', '눈피리', '눈발떼기', '눈깔송사리'도 눈이 크다는 점을 지칭한 것이고, 일본에서도 송사리를 '메다가目高'라고 부르는 것과 영어로 송사리를 'medaka'로 일컫는 것 역시 같은 의미이다(그림 3.11).

송사리는 전장이 4 cm 정도로 길고 옆으로 납작하다. 머리 앞에는 큰 눈이 있고 입은 주둥이 상단에 있으며 하악은 상악보다 약간 길다. 등지느러미는 뒤쪽에 치우쳐 꼬리지느러미에 가까이 있으며, 꼬리지느러미의 뒤쪽 가장자리는 수직으로 반듯하고, 뒷지느러미의 기저가 길다. 몸은 회갈색으로 밝으며 배 쪽은 더욱 밝고 몸 측면에는 검은 점이 산재하는데 암컷이 수컷보다 약간 더 크다.

송사리는 수심이 얕고 물이 거의 흐르지 않는 저수지나 연못, 습지, 하천의 표층에서 떼를 지어 이동하며, 주로 동물플랑크톤과 모기 유충을 먹고 산다. 산란기는 5~8월로 오전 4~5시경 산란한다. 암컷의 배가 볼록해지면 수컷이 암컷의 복부에 머리와 몸통으로 자주 접촉하면서 그 주변을 맴돌다가, 갑자기 지느러미로 암컷의 복부를 압박하면 알을 매달고 다니면서 수컷이 방정하여 수정시킨다.

암컷은 수정된 알을 7~8시간 복부에 달고 다니다가 수초에 알을 붙인다. 암컷이 한번 낳는 알은 10~20개지만, 매일 낳기 때문에 암컷 한 마리가 낳는 알은 모두 400~800개에 이른다. 수정된 알은 18℃ 수온에서 3일이면 부화하고 다시 3일이 지나면 난황을 모두 흡수한 후 치어가 된다. 실험실에서 빛과 온도를 일정하게 하면 연중 산란하기도 한다. 산란기 수컷은 배지느러미와 뒷지느러미가 검은색으로 변하고, 가슴지느러미 부위에 2개의 검은 색 띠가 생긴다.

알은 크고 투명하여 관찰하기 쉬운 송사리는 작은 수조에서 간편하게 기를 수 있는데, 암컷과 수컷의 특징이 뚜렷하고 세대가 아주 짧아서 오래전부터 생물학 연구와 관상용으로 널리 사용되었다. 송사리는 체색변이가 있어 멘델의 유전법칙을 적용하는 실험과 호르몬 처리에 의한 성전환 유도 및 유전적 독성 실험에도 널리 사용하고 있다.

송사리의 염색체 수는 48개로 알려져 있었다. 저자는 1985년, 일본 동경 과학박물관에서 개최된 제1회 인도태평양 국제어류학회에 참가한 적 있는데, 거기에서 일본 신슈대학信州大學의 우와宇和紘 교수는 일본산 송사리는 염색체 수가 48개이지만, 중국 북경에서 채집한 송사리는 46개라고 보고하여 주목을 끌었다.

저자는 귀국 후에 우리나라 송사리의 염색체 수가 궁금하여 대학원생들과 함께 우리나라 전역의 송사리를 채집하여 조사하였다. 그 결과

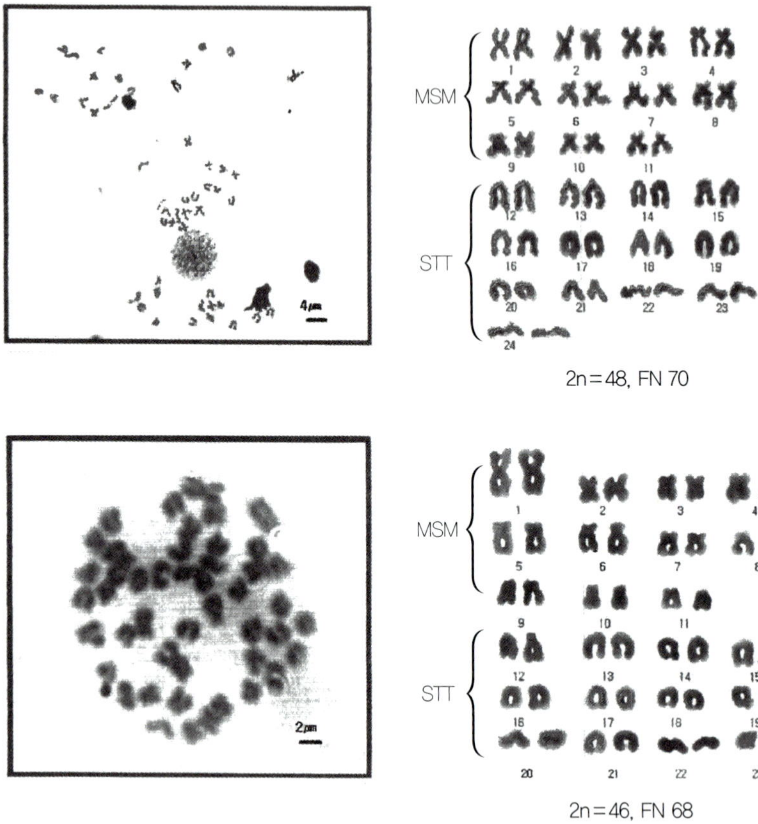

그림 3.12 송사리와 대륙송사리 염색체 핵형

우리나라 송사리도 염색체 48개와 46개를 가진 두 가지 부류가 있음을 알게 되었다. 우리나라 태백산맥 동쪽 하천과 낙동강, 전남 도서 지방의 연안에 사는 송사리는 일본산 송사리와 같이 48개의 염색체를 가졌지만, 태백산맥 서부의 한강, 금강, 만경강, 동진강, 영산강 및 섬진강 하구의 위 연안에서 떨어진 내륙에 있는 수역에 사는 송사리는 중국산 송사리와 같이 한 쌍의 대형 염색체를 가진 46개의 염색체를 가지고 있었다

(그림 3.12).

저자는 이 두 가지 다른 염색체형의 송사리는 서로 다른 종일 가능성이 있다는 생각을 가지고, 이를 비교하기 위하여 일본의 우와 교수에게 일본산 송사리 표본을 받아보고 싶다는 내용의 편지를 보내었다. 우와 교수는 답장을 통하여 본인도 염색체 46개를 가진 중국 송사리 집단을 연구하던 중 분류적인 차이를 발견하여, 중국인 교수와 함께 중국산 송사리 표본을 새로운 아종으로 논문을 작성하여 학회에 제출할 예정이라고 하면서 준비된 원고를 저자에게 보내왔다.

그 후 1989년, 중국어류학회지에 중국산 송사리의 신아종 '오리지아스 리티페스 시넨시스*Oryzias latipes sinensis*'라는 학명으로 발표하였다. 1992년, 저자는 이 논문을 참조하여 우리나라 송사리 가운데 46개의 염색체를 가진 집단을 <한국동물분류학회지>에 한국 미기록 아종으로 발표하면서 그 국명을 처음으로 '대륙송사리'라고 하였다.

아종亞種, subspecies이란 어느 한 종이 넓은 지역에 분포하면서도 지리적으로나 형태적으로 서로 잘 구분되지만, 생식적으로 격리되지 않고 자손을 유지하는 집단을 말한다. 저자는 송사리와 대륙송사리는 아종인지 혹은 서로 독립된 다른 종인지 하는 의문이 들어서 당시 대학원생인 박민경씨와 함께 송사리와 대륙송사리의 교잡실험을 진행하였다. 그 결과 잡종 제1세대에서는 모두 47개 염색체를 가진 자손이 나왔는데, 잡종 제2세대에서는 염색체가 48개, 47개, 46개로 나오면서 기형 개체들이 나타나 온전한 자손이 이루어지지 않는다는 사실을 알게 되었다. 그래서 저자는 대륙송사리를 아종이 아닌 독립된 종으로 보고, '오리지아스 시낸시스*Oryzias sinensis*'라는 학명으로 사용하였다.

송사리와 대륙송사리는 쉽게 구별되지 않지만, 표본을 천천히 자세히 보면 다른 점을 알 수 있다. 송사리는 대륙송사리보다 평균 몸길이가 5 mm 정도 크고, 척추골 수는 평균 30개(대륙송사리 29개), 새파 수는 평균 15개(대륙송사리 12개)로 다르며, 송사리는 배지느러미가 황색을 띠지만 대륙송사리는 미색을 띤다. 알의 크기도 송사리는 평균 1.4 mm이지만 대륙송사리는 평균 1.15 mm로 송사리 알이 큰 편이었다.

대륙송사리는 산란기가 되면 수컷이 암컷 하복부를 머리와 몸통으로 자주 접촉하면서 그 주변을 맴돈다. 그러다 갑자기 지느러미로 암컷의 복부를 압박하면 암컷이 산란하게 되는데, 이때 수컷은 정자를 방출하여 수정시키고 암컷은 수정란 덩어리를 1~2시간 매달고 다니다 수초에

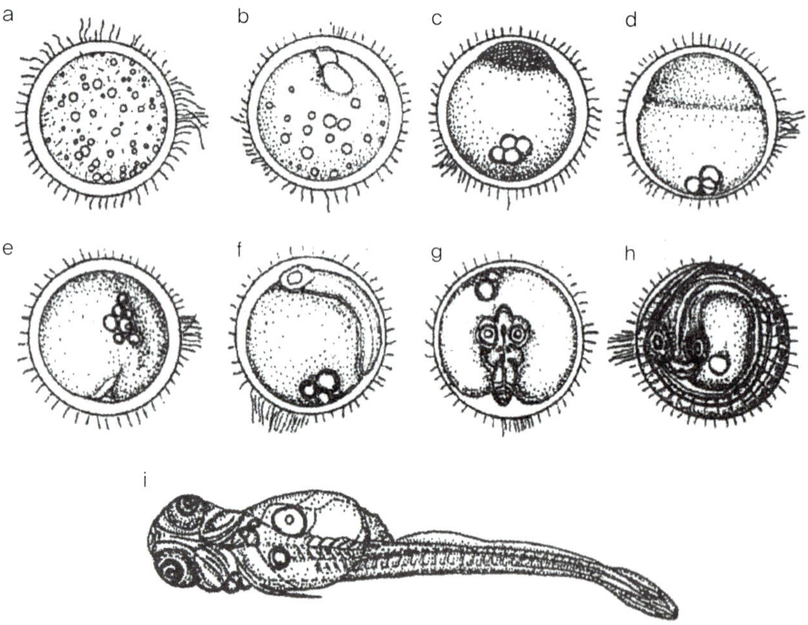

그림 3.13 대륙송사리의 초기 발생

부착시키거나 바닥에 떨어뜨린다. 송사리는 수정 후 3일이 지나 부화하지만, 대륙송사리는 5~6일 지나 부화한다(그림 3.13). 송사리는 한반도와 일본 담수역에 널리 분포하지만, 대륙송사리는 중국 대륙과 우리나라 서해 연안에 인접한 하천에 분포한다.

돌 밑에 숨어 사는 퉁가리과 어류들

계류나 하천 중상류에 큰 돌이나 자갈이 깔린 바닥에 숨어 사는 한반도 퉁가리과Amblycipitidae 어류는 퉁가리속*Liobagrus*의 퉁가리, 자가사리, 퉁사리, 섬진자가사리, 동방자가사리 등 5종이 분포하는데, 모두 한반도 고유종이어서 학술적으로 보존 가치가 크다. 퉁가리속 어류의 영어 이름은 'torrent catfishes'이다.

퉁가리과 어류는 몸길이가 보통 10 cm 정도로 약간 길고 황갈색의

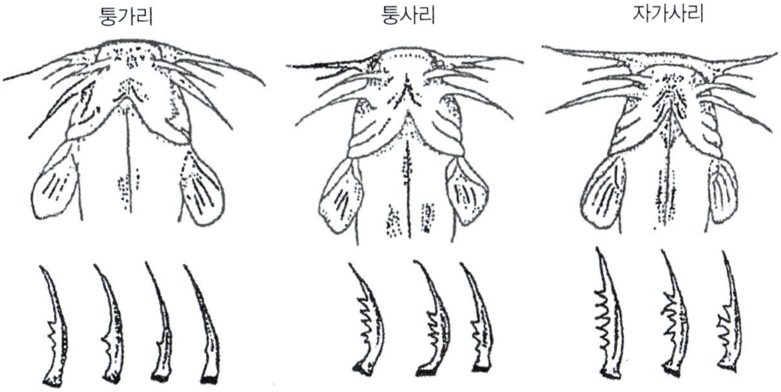

그림 3.14 퉁가리와 퉁사리, 자가사리의 입 모양과 가슴지느러미 가시 비교

두터운 피부를 지녔으며, 기름지느러미는 꼬리지느러미와 연결되고 입 주변에 4쌍의 수염이 존재한다. 가슴지느러미에 굵고 뾰족한 가시의 안쪽에는 거치가 1~5개 있거나, 혹은 없는 종류도 있는데 가시에 쏘이면 통증이 상당히 심하다. 우리나라 퉁가리속 어류의 5종은 아주 비슷하지만 상악과 하악 길이와 가슴지느러미 가시 안쪽의 거치 수, 꼬리지느러미 기부의 황색 띠의 유무로 종을 구분하는데 종 검색표는 다음과 같다.

1a. 상악과 하악은 그 길이가 같고 입은 앞쪽을 향한다 2

1b. 하악은 상악보다 짧아서 입은 아래쪽을 향한다 3

2a. 가슴지느러미 가시 안쪽 거치 수는 1~3개이고 성숙한 개체는 거치가 없다
퉁가리*Liobagrus andersoni*

2b. 가슴지느러미 가시 안쪽 거치수는 3~5개이고 성숙한 개체는 거치가 더 많다
퉁사리*Liobagrus obesus*

3a. 꼬리지느러미 기부의 가장자리에 초생달 모양의 황색 띠가 있다
섬진자가사리*Liobagrus somjinensis*

3b. 꼬리지느러미 기부의 가장자리에 초생달 모양의 황색 띠가 없다 4

4a. 모든 지느러미 가장자리에 밝은색의 넓은 띠가 있다
자가사리*Liobagrus mediadiposalis*

4b. 모든 지느러미 가장자리에 밝은색 띠가 없거나 엷게 나타난다
동방자가사리*Liobagrus hyeongsanensis*

퉁가리속 어류는 모두 모래와 자갈이 깔리고 유속이 있는 돌바닥에서 주로 밤에 활동한다. 돌 밑에 숨어 있다가 수서곤충 유충을 주로 먹

그림 3.15 퉁가리속 어류. 퉁가리, 자가사리, 퉁사리, 섬진자가사리, 동방자가사리

고 소형의 어류나 부착조류도 섭식한다. 산란기는 5~6월인데, 암컷은 돌 밑에 100~120개 정도의 알을 한 자리에 덩어리 모양으로 붙이고, 산란한 후에도 산란장에 남아서 알을 보호하는 습성이 있다. 암컷 한 마리가 가진 포란 수는 98~248개 정도이고, 알의 직경은 0.25~0.33 mm이다. 수정된 알은 8일이 지나 부화하면 6~8 mm로 15~16 mm까지 자라면 성어와 같은 형태적 특징을 갖춘다. 만1년이 지나면 40~60 mm, 2년이면 70~100 mm, 3년 이상이면 100 mm 이상으로 자란다.

퉁가리속 5종의 처음 채집지와 분포수역, 2n 염색체 수는 다음과 같다.

퉁가리*Liobagrus andersoni* 1908년, 영국의 리건이 충청북도 충주 부근에서 채집하여 처음으로 발표하였다. 우리나라 서해안으로 흐르는 안성천, 삽교천, 한강, 임진강, 예성강, 대동강에 분포한다. 2n 염색체 수는 28개이다.

자가사리*Liobagrus mediaposalis* 1936년, 모리 박사가 낙동강 상류에서 채집한 표본을 처음으로 기재 및 발표하였고, 우치다(1939)는 낙동강에서 생태와 산란 습성을 보고하였다. 낙동강, 섬진강, 금강, 이사천, 탐진강, 거제도, 남해도에 분포한다. 2n 염색체 수는 42개이다.

퉁사리*Liobagrus obesus* 1987년, 손영목 교수와 공동연구자가 충북 영동군 심천면의 금강에서 채집하여 발표하였다. 금강, 웅천천, 만경강, 영산강에 분포한다. 2n 염색체 수는 20개이다.

섬진자가사리*Liobagrus somjinensis* 2010년, 박종영 교수와 김수환 박사가 섬진강에 사는 표본을 채집하여 처음으로 발표하였다. 섬진강, 탐진강, 영산강과 남해로 유입하는 하천과 거금도에 분포한다. 2n 염색체 수는 42개이다.

동방자가사리*Liobagrus hyeongsanensis* 2015년, 김수환 박사와 공동 연구자들이 경상북도 형산강에서 처음으로 채집하여 보고하였다. 경상북도 동해안 남부 연안으로 흐르는 형산강, 대종천, 태화강 상류에 분포한다. 2n 염색체 수는 42개이다.

통가리속 어류는 모두 한국 고유종이고 지리적으로 분리분포하거나

그림 3.16 퉁사리속 분포도

동서하고 있어 생물지리적으로 의미가 있다. 그러나 하천 오염과 개발로 인하여 점점 희소해지고 있다. 현재 환경부에서는 퉁사리를 한국의 멸종위기 야생동식물 적색자료 위기종으로 지정하여 보호하고 있다. 퉁가리속 어류들이 사는 서식지에 사람들이 다슬기를 잡으려고 강가의 돌바닥 위를 걸어 다니거나, 돌 밑에 사는 물고기를 잡으려고 큰 망치로 큰 돌과 바위를 내려치는 것은 마치 사람이 사는 집을 망치로 내려치는 것과 마찬가지인 행동이다.

1980년대, 남한강 상류 어느 지방자치단체에서는 '퉁가리 보쌈축제'를 개최한 적이 있다. 이 축제는 둥근 단지에 미끼를 넣어 천으로 덮어 두고 야간에 모여드는 퉁가리를 잡아서 음식 재료로 사용하는 행사였다. 저자는 단체장에게 전화로 퉁가리 집단의 보존 중요성에 대하여 말하고 '퉁가리 보쌈축제'의 문제점을 건의한 적이 있었다. 퉁가리속 어류는 수십 만년 이전부터 이 땅에서 살아왔고 우리 후손들과도 함께 살아갈 자연유산으로 보존적 가치가 크기 때문에, 우리는 자연 서식처 보호하는 일에 적극적으로 노력해야 한다고 생각한다.

좀구굴치의 분포와 생태 탐구기

1984년 여름, 전라북도 여러 지역에서 물고기를 조사하던 중, 전라북도 진안군 마령면의 섬진강 지류에서 소형 민물고기 표본 한 개체를 채집한 바 있다. 이 표본은 처음 보는 것이었는데 연구실로 가져와 조사를 하였으나 종류를 확정지을 수 없었다.

표본의 몸길이는 약 5 cm 정도로 소형이고 몸통은 약간 납작하고 주둥이 말단은 위쪽을 향해 있으며, 등지느러미는 2개, 좌우에 있는 배지느러미는 기부가 가까이 있었다. 꼬리지느러미 뒤쪽 가장자리는 볼록하고 둥글며, 몸 옆구리에 9개의 갈색 횡반문이 미병부까지 배열되어 있었다. 아가미뚜껑은 연한 황금빛 띠가 있어서 다른 물고기와는 구별할 수 있었지만, 우리나라 도감에서는 찾지를 못하여 미확인종unknown species으로 남겨 두었다. 한 달이 지나서 전라북도 고창군 흥덕면 동림저수지에 인접한 작은 지류에서 지난번 전북 진안에서 채집한 미확인종과 같은 표본 3마리를 채집하였다. 하지만 역시 동정identification이 안 되어 다른 여러 문헌을 조사하기 시작하였다.

미국자연사박물관에서 1943년에 발간한 니촐스John Nichols 박사의 저서인 『중국의 담수어류』The Fresh-Water Fishes of China의 258~259쪽의 검색표와 기재를 살펴본 결과, 문제의 표본은 망둑어과Gobiidae의 구굴무치아과Eleotrinae에 속하는 '미크로퍼콥스 다브리 보레아리스*Micropercops dabry borealis*'로 동정되었다(그림 3.17).

저자는 이 내용을 1986년의 <한국수산학회지>에 한국미기록종으로 발표하고, 국명으로는 구굴무치과의 작은 종이라는 의미로 '좀구굴치'라고 하였다. 그리고 나중에 좀구굴치는 동사리과Odontobutidae로 전출되고, 학명도 '미크로퍼콥스 스윈호니스*Micropercops swinhonis*'로 변경되었다. 좀구굴치는 물흐름이 느린 하천이나 저수지의 가장자리에 있는 수초가 많은 곳에서 물벼룩류, 요각류, 깔따구 유충을 먹고 산다.

1988년, 최기철 박사는 전라북도 군과 면의 소하천과 저수지에서 담수어류를 조사하여 수록한 『전북의 자연-담수어편』에서 좀구굴치를 김

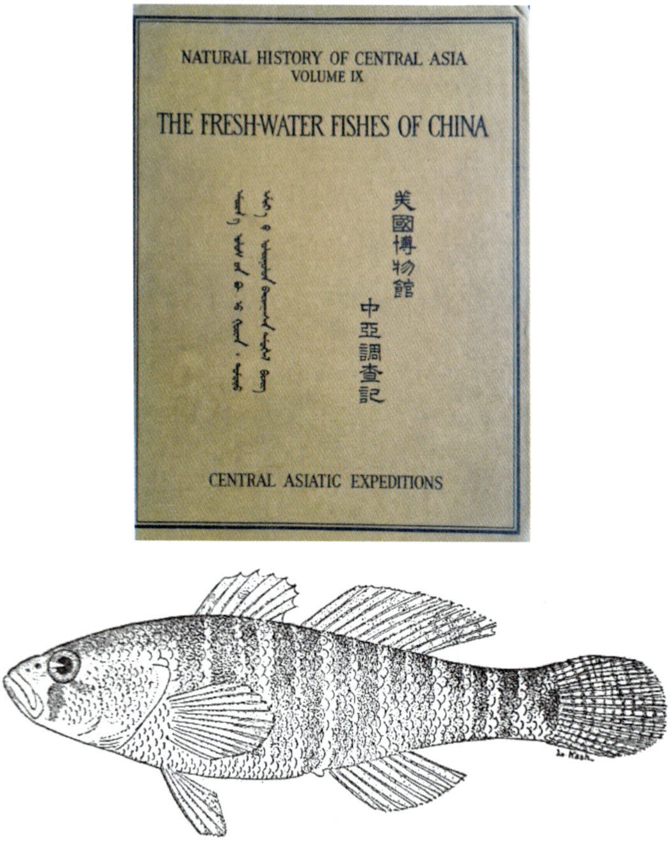

그림 3.17 중국의 담수어류 표지와 좀구굴치 그림

제에서 41마리, 옥구에서 39마리, 익산에서 1마리, 정읍에서 1마리를 채집하여 기록하였다. 그 후 1994~1996년, 당시 대학원생이던 김병직 박사는 전라북도 부안군 하서면 청호저수지와 완주군 삼례읍 고산천에서 좀구굴치 집단서식지를 찾아, 좀구굴치의 생태와 산란 및 초기 발생을 조사한 논문을 학회지에 발표하였다(김익수와 김병직, 1996; 1997).

수온이 20℃인 4월 초순에 좀구굴치 수컷은 서식지 바닥에 산란에 사용할 돌 아랫면을 꼬리지느러미로 청소한다. 그러다가 다른 수컷이 접근하면 모든 지느러미를 활짝 펴고 아가미뚜껑을 부풀려 방어 행동을 보이며 머리와 체측 횡반문이 검은색으로 변한다. 그러나 배가 볼록한 암컷이 가까이 오면 수컷은 암컷과 나란히 하고 몸을 좌우로 흔들며 산란장으로 유인한다. 그 후 암컷이 몸을 떠는 반응을 보이면 암컷을 인도하고 복부를 위쪽으로 향하게 하여 산란 장소를 지정해 준다. 그리고 암컷이 이러한 행동에 따라 입을 약간 벌리고 몸을 떨면서 배를 위쪽으로 향하여 10~20개의 알을 돌 밑에 붙이면, 수컷은 생식돌기를 알에 비비면서 정액을 쏟아 수정시킨다.

좀구굴치는 산란 중 산란장에 다른 암컷이 접근하면 수컷은 이를 강

그림 3.18 좀구굴치 수컷과 암컷

하게 공격하여 다른 곳으로 내보낸다. 암컷이 산란을 멈추면 수컷은 몸을 흔들어 산란을 부추기거나 머리를 쪼는 행동을 보여 산란을 자극한다. 이러한 산란 행동은 약 2시간에 걸쳐 10여 차례 반복되고, 암컷은 300개 이상의 알을 돌 밑에 부착시킨다(그림 3.19).

그 후 수컷은 산란장을 맴돌면서 꼬리지느러미와 배지느러미로 수류를 일으켜 산소와 신선한 물을 공급하며 수정란이 부화할 때까지 기다린다. 그러는 동안 다른 암컷이 접근해 오면 앞에서 보여준 행동을 보여 산란하도록 유도한다. 수정란은 난할이 진행되어 2일 후 뇌가 형성되고, 3일이 되면 안구가 생긴다. 10일이 지나면 부화하여 전장 3.8~4 mm가 될 때까지 부유 생활을 하다가 1개월 후에는 저서 생활을 한다. 만 1년이 지나면 30~40 mm로 자라고 생식소가 성숙하여 성체가 되는데, 성숙

그림 3.19 좀구굴치 산란장을 지키는 수컷

한 암컷 한 마리는 보통 200~900개의 알을 가진다. 좀구굴치는 일부다처 생식 체계를 보여준다.

좀구굴치를 비롯한 많은 담수어류는 중국 대륙과 우리나라 서해안으로 유입하는 하천에서 희소하게 분포한다. 지금으로부터 5백만 년 전, 신생대 제3기 말 선신세鮮新世 후기로부터 빙하기와 간빙기 동안 세계적인 대규모의 해퇴海退와 해침海浸이 반복해서 일어났었다. 이로 인하여 바다가 물러나면서 황해와 동중국해의 연안의 해곡海谷에 고황하古黃河가 형성되어 한반도와 일본 서남부 여러 하천이 담수로 연결되었고, 중국 대륙에 살던 좀구굴치와 다른 담수어류들이 한반도에 유입되었다가 해수면 수위가 상승하면서, 좀구굴치와 담수어류들이 남아 지금까지 한반도에 분포한다고 추정한다.

피라미와 갈겨니 이야기

우리나라 민물고기 연구에 큰 업적을 남긴 최기철 박사는 우리나라에 사는 민물고기의 전국 분포를 조사한 결과를 정리하면서 피라미는 전체 민물고기의 19.9%를 차지하고 있고, 그다음 붕어가 12.6%, 그리고 갈겨니가 5.9%로 3위를 차지한다고 기록하였다.

우리나라 하천에서 흔히 보이는 피라미와 갈겨니는 모두 잉어과 Cyprinidae의 피라미속*Zacco*에 해당한다. 모양이 서로 비슷해서 가끔 같은 종으로 착각하기도 하지만, 우리나라 민물고기를 가까이에서 본 사람이라면 그들의 겉모양과 습성이 서로 다르다는 것을 알고 있다.

피라미와 갈겨니는 1846년, 네덜란드의 어류학자 테민키Coenraad Temminck와 슈레겔Hermann Schlegel 박사가 일본 나가사키 부근에서 채집한 표본을 근거하여 피라미를 '자코 프레티푸스*Zacco platypus*', 그리고 갈겨니를 '자코 테민키*Zacco temminckii*'라는 학명으로 처음 발표하였다. '자코'는 일본어의 잡어雜魚란 의미이고, 프레티푸스platypus는 뒷지느러미가 넓다는 의미이며, '테민키'는 테민키 박사의 이름에서 부쳐졌다. 이들이 우리나라에 분포한다는 사실은 1905년, 조던 박사와 스타크 박사가 우리나라 어류를 기록하면서 처음으로 알려졌다.

피라미나 갈겨니는 몸길이가 보통 10~15 cm 정도이지만, 큰 것은 20 cm가 넘는 것도 있다. 몸은 옆으로 납작하고 길며 날씬하며, 등지느러미와 배지느러미는 몸통 가운데 위아래에서부터 시작하고, 뒷지느러미도 매우 크게 보인다. 피라미는 옆구리에 10~13개의 폭이 넓은 청록색 수직 띠가 있지만, 갈겨니는 옆구리 중앙의 흑청색 띠가 꼬리지느러미 기부까지 수평으로 길게 이어져 두 종을 쉽게 구별할 수 있다. 5~6월 산란기에는 피라미와 갈겨니의 혼인색이 뚜렷해져 더 쉽게 구별된다. 또 수컷의 혼인색이 달라 암수 간의 구별도 쉽다. 피라미 수컷은 온몸에 붉은색과 푸른색이 많아져 방언으로 '불거지, 홍피리, 홍가래'로 불리고, 갈겨니는 흑청색 띠가 더 분명해져서 '개피리, 청피리, 대피리'라는 방언으로 불린다(그림 3.20).

피라미와 갈겨니는 같은 하천에서 함께 살기도 하지만, 자세히 보면 사는 곳이 서로 구분된다. 피라미는 하천 중류의 여울에서 자갈이나 모래에 붙어 있는 부착조류를 주로 먹거나, 가끔 수서곤충의 애벌레를 먹기도 한다. 그러나 갈겨니는 하천 중상류의 흐름이 비교적 완만하고 깊

그림 3.20 피라미 수컷의 혼인색

은 곳에서 살며, 나무에서 떨어지는 곤충이나 상류에서 떠내려온 수서 곤충을 먹는다.

이처럼 서로 비슷한 두 종이 사는 공간 등에서 미세한 차이를 보일 때 '종의 생태적 지위ecological niche가 다르다'고 한다. 피라미는 우리나라와 일본, 대만, 중국 동남부에 분포하지만, 갈겨니는 우리나라와 일본에만 분포한다.

그런데 여기에서 또다시 의문이 들었다. 피라미와 끄리의 특징은 눈의 동공 윗부분에 빨간색 반점이 있는데 갈겨니는 빨간색 반점이 있는 것과 빨간색 반점이 없는 두 타입이 있었다. 그래서 저자는 반점이 없는 갈겨니는 변이라고 생각하고 동종으로 간주하였다.

1989년, 인하대 양서영 교수와 민미숙 박사는 갈겨니를 연구하면서 그들의 겉모습은 서로 비슷하나 유전자가 다른 두 가지 타입의 갈겨니를 두 가지 유전적 변이로 보고하였다. 2003년, 일본 긴기 대학 호소야

細谷和海 교수는 일본산 갈겨니 연구에서 체측반문, 뒷지느러미 연조 수, 측선 비늘 수 등에서 차이가 나는 두 타입의 갈겨니를 조사하여 갈겨니를 2종, '*Zacco temminckii*'와 '*Z. sieboldii*'로 분류하여 발표하였다.

저자는 호소야 교수의 논문을 참조하면서 오민기 박사에게 우리나라 전국의 갈겨니 표본을 다시 검토하여 비교하도록 하였다. 조사 결과, 갈겨니 눈의 윗부분에 반달 모양의 붉은 반점을 가지고 있는 집단은 체측 상부의 비늘 수가 11~12개이고, 산란기의 수컷은 체측 앞쪽이 붉은색을 보이며, 가슴지느러미 앞쪽 끝이 노란색을 띠고 있었다. 그러나 갈겨니의 눈 윗부분에 반달 모양의 붉은 반점이 없는 집단들은 체측 상부의 비늘 수가 9~10개이고, 산란기 수컷은 몸 전체가 노란색을 보이며, 가슴지느러미 앞쪽 끝은 연한 붉은색을 띠고 있어서 두 집단 간에 분명한 차이가 있다는 사실을 확인할 수 있었다.

저자는 이러한 차이점을 근거로 두 집단이 서로 비슷해 보이지만 형태와 생태에 차이가 있고, 분류학적으로도 잘 구분되어 두 집단이 다른 종이라고 생각하였다. 2005년, 저자는 오민기 박사와 호소야 교수와 함께 갈겨니 눈 위에 반달 모양의 붉은 반점을 가진 집단은 이전과 같이 갈겨니*Zacco temminckii*라 하고, 갈겨니의 눈 위에 붉은 반점이 없는 집단은 신종 '자코 코레아누스*Zacco koreanus*'로, 그리고 국명은 '참갈겨니'로 명명하여 <한국어류학회지>에 발표하였다. 신종은 우리나라에서만 산다는 뜻으로, 우리말로는 '참갈겨니'라 명명하였다(그림 3.21).

참갈겨니는 우리나라 한강과 금강, 낙동강, 만경강, 동진강, 동해안으로 유입하는 여러 하천에 널리 분포한다. 갈겨니는 영산강, 탐진강 전역에서 분포하고, 섬진강, 낙동강, 동진강 일부 수역에서 참갈겨니와 함께

그림 3.21 갈겨니와 참갈겨니

서식하고 있다.

서울시는 청계천을 단장한 후, 청계천 생태계가 복원되어 많은 종류의 물고기가 서식한다고 자랑스럽게 홍보해 왔다. 저자는 2010년 5월 23일, 청계천에 사는 물고기를 조사하였는데, 청계천에는 맑은 물이 매우 빠르게 흐르고 있었고 많은 물고기가 살고 있었다. 그런데 청계천에 사는 갈겨니를 자세히 살펴보니, 눈 동공 위에 빨간색 반점을 가진 갈겨니 개체들이 많았다. 이 점을 통해 이들은 영산강이나 섬진강 수계에서 분포하는 집단으로, 청계천에서 분포할 수 없으며, 청계천에 물고기를 방류하는 과정에서 인위적으로 유입된 것으로 판단되어 방류 사업에 주의가 필요하다고 생각한다.

4장

아름다움과 친근감을 주는 우리 물고기

하천의 멋쟁이 쏘가리

쏘가리는 날렵한 몸매, 아름다운 무늬, 검푸른 색깔로 매우 아름다워 비단으로 덮인 물고기라 하여 금린어錦鱗魚 혹은 금문어錦紋魚라 부른다. 또한 바위나 큰 돌 밑에 숨어 사는 습성을 보고 계어桂魚, 석계어石桂魚, 궐어鱖魚라고도 하며, 돼지고기처럼 맛이 있다고 하여 수돈水豚이라고도 일컫는다. 쏘가리는 잉어와 더불어 옛 선인들의 시구와 그림에 자주 등장하였다. 이러한 쏘가리는 지방마다 금잉어, 금영어, 새가리, 천칭어, 속가리, 참쏘가리 등 다른 방언으로 불린다. 쏘가리의 학명은 중국에 사는 농어과 어류라는 의미의 '시니페르카 세르제리*Siniperca scherzeri*'이고 영어 이름은 'mandarin fish'인데, 중국과 한반도에 널리 분포한다.

쏘가리의 몸길이는 보통 20~30 cm이지만 큰 것은 50 cm에 이르기도 한다. 몸은 길쭉하고 옆으로 납작하며 입은 크고 아래턱이 위턱보다 약간 길어 몸 위쪽 윤곽이 직선에 가깝다. 머리와 몸통에는 황갈색 바탕에 약간 둥그런 흑갈색 반점들이 배열하고 비늘은 작으며 측선은 선명하

그림 4.1 쏘가리와 황쏘가리

다. 머리는 길고 눈은 머리의 위쪽에 있다. 주둥이는 뾰족하며 아래턱이 위턱보다 길고 위턱 말단은 눈의 중앙선에 이른다. 새개골에는 뾰족한 가시가 있고 측선은 등 쪽으로 굽어 있다.

등지느러미와 뒷지느러미, 그리고 꼬리지느러미에 흑갈색의 작은 반점들이 흩어져 있다. 등지느러미에는 12~13개의 뾰족하고 긴 극조가 막으로 이어지고, 그 뒤에는 연조가 부채처럼 펼쳐있으며 꼬리지느러미 가장자리도 둥글게 펼쳐있다.

5월에서 7월 초에 산란하는 쏘가리 암컷은 한밤중, 물흐름이 빠르지 않고 깊이가 어른 무릎에서 허리 정도인 여울 자갈 바닥에 알을 낳아 수정하는데, 알은 6~7일 지나면 부화한다. 새끼는 두 달이 지나면 7 cm 정도 자라고 만 2년이 지나면 25 cm 이상으로 성장하여 성체가 된다. 쏘가리는 큰 강 중류의 물살이 빠르고 바닥에 바위가 많은 곳에 살면서 바위나 돌 틈에 잘 숨어 있다가, 주로 밤에 활동하면서 물고기나 수서곤충의 유충 등을 섭식하는데 댐 호에서도 잘 적응하여 산다.

쏘가리는 언제나 무리를 짓지 않고 홀로 살아가면서 세력권을 이루는데, 먹이감 물고기가 나타나면 잽싸게 공격하여 잡아먹고 위풍도 당당하여 하천생태계를 압도하는 물고기이다. 이러한 쏘가리는 우리나라 서해와 남해로 유입하는 여러 하천과 중국 북부 큰 하천의 중상류에 분포한다. 수량이 풍부하고 맑으며, 유속이 빠르고 바위가 많은 곳에 산다. 그리고 큰 돌 밑에 잘 숨는 습성이 있어서 어부들이 물속에 들어가 큰 바위틈이나 돌 밑에 손으로 더듬어 쏘가리를 잡거나 작살을 이용하여 잡기도 한다.

1973년, 춘천에서 교사로 재직하면서 어류를 연구하던 백윤걸 선생은 춘천 의암호 주변에서 쏘가리 산란지를 발견하였다. 그 후 인공수정과 발생 및 부화 실험을 하여, 그 결과를 최기철 교수와 함께 논문으로 발표하였다. 강원도 춘천시 신북면 춘천댐 하류의 여울 자갈 바닥의 수심은 30~70 cm, 유속 40~80 cm/sec 수역에 수온 17℃ 이상으로 올라가는 6월 초부터 1개월 동안 밤 11시부터 다음날 새벽까지 산란이 계속되었는데 암수 성비는 1대 4 정도로 수컷이 많았다. 알을 채취한 쏘가리는 몸길이 15.5~42 cm로 포란 수는 1,200~2,200개, 알의 직경은 2.2~2.4 mm이었다.

인공수정 직후부터 발생이 시작한 쏘가리 알은 22℃의 수온에서 30분 지나 난할이 일어났다. 26시간 후 배체胚体가 미약한 운동을 보이고, 70~80시간이 지나 심장박동과 혈액순환을 시작하여, 106시간이 지난 후 부화하였다. 쏘가리는 육식성이라기보다 어식성이라는 점에 착안하여 다른 물고기 종류의 어린 치어를 먹이로 주었는데, 치어로 3 cm 정도 자라 인공사료에 적응하였다. 쏘가리는 우리나라 민물고기 가운데서 그 크기로나 맛으로 돋보이는 어종이어서 자원적 가치가 크므로 앞으로 많은 연구가 필요하다.

쏘가리는 예로부터 우리나라 담수어류 가운데 맛이 가장 뛰어나 매운탕이나 횟감으로 많이 이용되었다. 그러나 강 상류에 댐이 축조되고 축사가 많이 들어서면서 심각한 오염과 개발로 서식지가 감소하였다. 또한 남획으로 자원이 급격하게 줄어들고 있어 정부에서도 지역에 따라 산란기인 4~6월에는 어획을 금지하며, 전장 18 cm 이하의 어린 쏘가리는 포획을 금지하고 있다.

쏘가리 가운데 황금색을 띤 황쏘가리가 한강의 희귀종으로 알려져 1970년, 천연기념물 제190호로 지정되었다. 그러나 황쏘가리는 쏘가리와 형태, 생태, 생활사에서 크게 다르지 않기 때문에 쏘가리와 같은 종으로 단순한 체색 변이로 간주되었다. 이러한 모습은 미꾸리, 메기, 붕어, 잉어 등에서도 피부에 색소가 없어진 변이로 가끔 나타나기도 한다.

날씬한 몸매로 수박 향을 주는 은어

은어는 몸매가 날씬하고 아름다운 데다 은은한 향기와 빼어난 맛으로 예부터 많은 사람의 사랑을 받은 물고기이다. 옛 문헌에는 주둥이 턱뼈가 은처럼 하얗게 보여서 은구어銀口魚라고 불렀다고도 한다. 은어의 학명은 납작한pleco 혀glossa와 높은altus 돛velum과 같은 등지느러미를 가졌다는 의미로 '프레코글로서스 알티베리스*Plecoglossus altivelis*'로 명명하고, 영어 이름은 좋은 향기가 나는 물고기라 '스위트 피시sweet fish'로 부른다.

은어는 몸이 길고 옆으로 납작하다. 위턱 끝에는 밑으로 향한 돌기가 있고, 아래턱 끝에는 사마귀 같은 돌기 한 쌍이 빗 모양으로 일렬로 나 있다. 큰 등지느러미 뒤에는 작은 기름지느러미가 있고 꼬리지느러미는 위아래로 갈라져 있다. 몸 등 쪽은 푸른빛을 띤 황록색이고, 배 쪽은 선명한 은백색이며 윗입술과 아랫입술도 은백색이다. 가슴지느러미 뒤에는 긴 타원형의 황색 반점이 있고 등지느러미 뒤에도 검은색 띠가 보인다. 산란기 수컷은 주둥이와 머리 주변에 작은 돌기가 뚜렷하게 돋아나고 혼인색을 띠어 암컷과 쉽게 구별된다(그림 4.2).

은어는 9~10월에 몸길이가 20 cm 정도로 다 자라면 생식소가 성숙해져 수컷은 피부가 검게 굳어진다. 또한 아래턱에서 뒷지느러미까지 등적색의 띠가 나타나는 혼인색을 띠게 된다. 이때 은어는 상류로 올라가던 방향을 완전히 바꿔 강 하류로 내려가다가, 바다 근처에 있는 얕은 모래와 자갈이 얕은 바닥을 지느러미로 파서 폭 지름 10 cm 정도의 원형 산란장을 만든다. 그리고 나서 암컷은 약 1~2만 개의 알을 낳고 수컷

그림 4.2 은어와 은어의 서식지(섬진강 구례)

이 정액을 뿌려 수정을 시킨 후 모래로 산란장을 덮는다. 이와 같은 방법으로 두세 곳에서 산란과 수정을 한다. 산란을 마친 은어는 수온이 내려가 몸이 쇠약해지면서 앙상하게 여위어 바다로 힘없이 떠내려가다가 일생을 마친다. 대부분 은어는 1년 안에 삶을 마치기 때문에 일년어一年魚라고 하지만 간혹 2년까지 살기도 한다.

바다 연안 근처의 산란장에 있는 알들은 15~20℃ 정도의 수온에서 10~24일 지나 5~7 mm의 새끼로 부화한 후, 가까운 바다로 내려가 월동을 하다가 이듬해 이른 봄 3~5월에 다시 강으로 올라오면서 동물플랑크톤을 섭식한다. 민물에 이르면 하천 바닥에 있는 부착조류를 먹고 7~8 cm 정도로 빠르게 성장하여 하천 중류로 올라간다. 성어가 되면 몸길이가 20 cm 정도로 자라는데 간혹 큰 것은 30 cm가 넘는 것도 있다.

은어는 하천 바닥의 약 1m² 정도 면적을 차지하고 이 구역을 침범하는 다른 물고기들을 적극적으로 방어하는 행동을 보이는 세력권territory을 형성하는 습성이 있는데, 낚시꾼들은 이런 행동을 보고 '놀림 낚시'를 한다. 놀림 낚시란 은어나 모형 은어를 낚싯줄에 매달아 은어가 있는 곳에 던져 놓는 낚시 방법으로, 은어들은 침입자를 내보내려고 주둥이로 쪼고 몸으로 안간힘으로 밀다가 결국 미끼가 달린 바늘에 몸이 꿰어 잡히게 된다.

다 자란 은어는 몸길이가 10~20 cm 정도 되는데, 갓 잡아 올린 은어를 얇게 비스듬히 썰어 어린 들깻잎과 함께 초고추장에 찍어 먹는 은어회 쌈은 비린내 한 점 없이 담백하고 고소하며 입에서 녹는 연한 살맛이 일품이라고 한다. 은어는 쌀과 함께 은어죽을 끓여 먹거나 소금을 뿌려 숯불에 구워 먹기도 하는데, 소금에 절이거나 말려두면 오래 두고 먹을 수도 있다. 특히 은어는 강바닥 돌에 붙어있는 부착조류를 주로 먹기 때문에 몸에서 은은한 수박 향이 감돌아 일명 '향어'라고도 한다.

은어는 우리나라와 중국, 대만, 일본에 분포한다. 우리나라는 동해와 남해로 흐르는 양양남대천, 삼척남대천, 영덕오십천, 낙동강, 섬진강 그리고 제주도와 울릉도의 맑은 하천에 서식하지만, 강과 하구에 인공댐과 수중보가 설치되면서 강바닥이 오염되고 물고기 이동 통로가 막히면서 개체 수가 현저히 감소하여 지금은 찾아볼 수 없는 사례가 많다.

진미와 맹독을 지닌 민물복쟁이 황복

참복과Tetraodontidae 어류 대부분은 열대와 아열대 바다에 분포하지만, 참복속*Takifugu*의 황복, 복섬, 흰점복, 자주복, 메리복, 까치복 등 6종은 우리나라, 일본 및 중국의 연안과 기수역 혹은 일부 담수역에 분포한다. 이들은 근육과 내장에 치명적인 독성물질인 테트로도톡신tetrodotoxin을 가지고 있다.

참복과 어류 가운데서도 황복*Takifugu obscurus*은 특이하게도 4~5월이 되면 강 중류까지 올라와 여울 자갈 바닥에 알을 낳아 부화하면 다시 바다로 내려가는 습성을 가졌다. 이 때문에 강으로 오르내리는 복이라 하여 '강복', '강복어', '민물복쟁이'라는 이름으로도 부른다.

황복은 몸 옆구리 아래쪽에 노란색의 선명한 긴 띠가 나 있어 이러한 황복을 '누렁테'라고 부른다. 황복의 등은 황갈색이나 회갈색이고, 배는 은백색을 띤다. 입은 작고 둥글며 입술이 뚜렷하며 위턱과 아래턱에는 각각 두 개의 납작한 이빨이 있고, 눈은 비교적 크며 아가미구멍은 작다.

등지느러미와 뒷지느러미는 몸 뒤쪽에 치우쳐 거의 같은 위치에 있고, 꼬리지느러미의 가장자리는 수직으로 반듯하다. 복어류는 등지느러미와 뒷지느러미를 움직여 조용히 헤엄치면서 이동하는데, 가슴지느러미를 계속 움직여 몸의 균형을 유지하고 꼬리지느러미로 방향을 전환한다.

다 자란 황복은 보통 30~40 cm인데, 알에서 갓 부화한 새끼는 1 cm에 불과하다. 하지만 이렇게 작고 어린 새끼도 배를 크게 부풀리는 별난 모습을 보인다. 새끼가 2~3 cm로 자라면 등이 연둣빛을 띤 고동색으로 변하여 바다로 내려가면서 성장한다. 황복은 육식성이어서 바닥에 사는

그림 4.3 황복

작은 동물이나 새우류, 어린 물고기 또는 물고기 알을 먹고 산다.

참복속의 복어류는 모두 뛰어난 맛과 함께 배가 공처럼 둥글다는 공통점이 있다. 이처럼 몸 모양과 골격 구조가 달라서 공기를 빨아들여 배를 부풀리는 습성 때문에 '복', 또는 '복어'라고 부른다. 황복도 다른 복어들처럼 몸을 통통하게 부풀리는 이유는 정확히 알려지지는 않았지만, 적에게 자신의 모습을 크게 보이려고 위장하기 위한 것이라고도 하고, 몸속에 공기를 넣어 물에 뜨기 쉽게 하고 물이 없는 곳에서 공기 호흡을 하기 위한 것이라고 말하는 사람도 있다.

황복은 하돈河豚이라고 부를 만큼 그 맛이 뛰어나다고 하며 어떤 시인은 그 맛을 사람의 생명과도 맞바꿀 수 있다고 극찬하기도 하였다. 이처럼 복어가 진미를 가진 이유는 복어의 살이 오르는 늦가을부터 이른 봄 사이에 복어의 살에 독이 미미하게 작용하여 독특한 맛을 내기 때문이라고 한다.

복어류의 독성 성분인 테트로도톡신은 청산가리에 버금가는 무서운 독성으로 알려졌는데, 황복 한 마리가 가진 독성물질은 쥐를 약 5~6천 마리를 죽일 수 있다고 하니 무서운 위력이다. 사람이 이 독에 중독되면 20분에서 3시간 사이에 마비 증상이 나타나며 4~6시간에 사망한다고 한다. 복어의 독에 중독되면 즉시 토하게 한 뒤에 위를 씻어내고 강심제나 아드레날린과 같은 흥분제를 투입하기도 한다. 장미의 아름다움 속에 가시가 있는 것처럼 복어가 가진 독소는 자신을 방어하기 위한 것이 아닌가 생각한다.

황복은 황해를 끼고 있는 중국과 한반도에만 분포하는데, 중국에서는 양자강과 황하에 산다. 우리나라에서는 서해안으로 유입하는 대동강, 임진강, 한강, 금강, 영산강이 산지로 알려졌지만, 현재는 대부분 오염과 하구둑으로 강으로 거슬러 올라가는 길이 막혀 황복을 찾아보기 어려운 실정이다.

긴 수염으로 단장한 메기와 동자개

메기목 어류는 세계에 2,200여 종이 알려졌는데 우리나라에는 5속 13종이 분포한다. 머리가 넓적하고 입가에 2~4쌍의 긴 수염이 있으며, 몸에는 비늘이 없어 피부가 밖으로 드러나 있는데 가슴지느러미에 뾰족한 가시가 있다. 메기와 동자개는 식용에 널리 이용되고 있다.

메기*Silurus asotus*는 입이 주둥이 끝에서 위를 향하고 있어 마치 미소 짓고 있는 것처럼 보이는데, 상악과 하악에 각각 한 쌍의 긴 수염을 가지고 있다. 긴 수염에는 촉각을 감지하는 세포가 있어 먹이를 찾거나 방향을 알아내는 일을 한다. 몸에 비늘이 없어 피부가 노출되고 가슴지느러미 가시의 가장자리에는 톱니 모양의 거치가 있다. 몸길이는 보통 10~30 cm 정도이지만 큰 것은 50 cm가 넘는 것도 있다(그림 4.4).

메기는 물흐름이 비교적 완만하고 바닥에 진흙이 많은 하천이나 저수지 혹은 늪지에 산다. 낮에는 바닥이나 돌 틈에서 움직이지 않고 숨어 있다가 밤이 되면 활동을 하는데, 어린 물고기나 새우와 조개류를 먹는다. 산란기인 5~7월경 작은 지류나 물이 고여있는 용수로에 들어와 집단을 이루면서 수컷이 암컷 복부를 강하게 감아서 산란하도록 한다(그림 4.4). 수초나 물에 떠 있는 식물 혹은 자갈에 옅은 녹색 또는 노란색 알을 붙이는데, 수정된 알에서 부화한 지 1년이 지나면 10~12 cm로 자라고, 2년이면 20 cm 이상이 된다.

메기는 예로부터 지진을 예보하는 물고기로 알려져 있다. 메기의 움직임이 갑자기 활발해지면서 물 밖으로 튀어나오는 행동을 보이면 7~8시간 후에 지진이 일어난다는 것이다. 이것은 메기가 지구에 흐르는 전류의 변화에 민감하게 반응하기 때문이라고 한다. 지진이 발생하기 전에 진원지로부터 전기가 발생하는데, 메기는 이를 먼저 감지하고 수면 위로 이동하기 시작한다. 이렇게 동물들의 육감을 이용한 지진 감지는 학자들 사이에서 중요한 관심사이다.

동자개*Pseudobagrus fulvidraco*는 몸에 비늘이 없이 피부가 드러난 모습이다. 머리는 메기처럼 위아래가 납작하고 입가에는 4쌍의 긴 수염이 있으며, 등지느러미와 가슴지느러미에 강한 가시가 발달하였고, 위턱과 아래턱에는 메기와는 다르게 작은 이빨이 많이 나 있다. 노란색 몸 바탕에 흑갈색 사각형 반문이 있고 몸 등과 측면 중앙에 흑갈색 줄무늬가 있다.

그림 4.4 메기와 메기의 산란 행동

동자개도 유속이 완만한 큰 하천의 중하류 바닥에 모래와 진흙이 있는 곳에서 낮에는 돌 밑에 숨고 밤에는 나와 작은 물고기와 새우 등의 작은 동물을 먹고 산다. 산란기인 5~6월에 여러 마리가 떼 지어 한곳에 모여들어 수컷이 가슴지느러미로 바닥에 웅덩이를 파서 산란장을 만들면, 암컷이 찾아와 산란하고 수컷은 정액을 뿌려 수정한다. 부화하여 만1년이 지나면 전장 6~8 cm로 자라고, 만2년이면 전장 10~12 cm, 만3

그림 4.5 동자개

년 이상이면 전장 15~17 cm 이상 자란다. 동자개는 우리나라 서남해안으로 유입하는 여러 하천과 중국, 대만, 일본 남부와 시베리아 동부에도 분포한다.

동자개는 적을 만나면 가슴지느러미에 있는 강한 가시를 뒤로 젖히고 지느러미 안쪽에 있는 관절면을 마찰시켜 소리를 내어 방어한다. 그 소리가 "빠가 빠가"라고 들려 흔히 '빠가사리'라고도 부른다.

우리나라에 사는 동자개과 어류에는 동자개, 눈동자개, 밀자개, 대농갱이, 꼬치동자개와 종어가 있다. 꼬치동자개*Pseudobagrus brevicorpus*는 10 cm 정도의 소형으로 우리나라 낙동강에만 희소하게 서식하는 고유종이다. 학술적으로 진기하여 문화재청에서 천연기념물 제455호로 지정하였고, 환경부에서는 2005년 멸종위기 야생동식물 1급으로 지정하여 보호하고 있다. 종어*Leiocassis longirostris*는 우리나라 임진강, 한강과 금강에 분포하였는데, 1970년대 이후부터 서식이 전혀 확인되지 않아 국내에서는 절멸된 종으로 알려졌었다. 하지만 국립수산과학원에서는 1999년부터 중국에서 종어 치어와 성어를 도입하였고 종묘생산에 성공하여 현재는 양식되고 있다.

메기와 동자개는 살이 희고 푸짐한 데다 맛이 연하여 매운탕으로 널리 애용되고 있다. 메기와 동자개를 넣고 고추장을 뻘겋게 풀어 우거지와 고사리를 넣고 매운탕을 끓이면 그 시원한 맛으로 한여름 무더위에도 활력을 얻을 수 있다고 한다.

진흙 바닥에 사는 미꾸리와 미꾸라지

봄이나 여름에 비가 많이 내리면 시골집 마당이나 길에서 미꾸리가 기어 다니는 모습을 볼 수 있다. 미꾸리가 하늘에서 비와 함께 떨어지기라도 한 것일까? 사실은 비가 많이 내려 바닥에 물줄기의 흐름이 생겨 미꾸리가 물줄기를 거슬러 올라오다 생긴 장면을 본 것이다.

미꾸리는 공기를 들이마신 후 창자에서나 피부에서 가스를 교환하는 호흡이 이루어지기 때문에, 폭풍이 불기 전 대기압이 떨어지면 호흡 운동을 빨리하기 위해서 몸을 자주 흔들어대는 민감한 반응을 보인다. 이러한 미꾸리의 습성을 보고 유럽에서는 미꾸리를 기상을 예보하는 물고기라 하여 영어로 'weather fish'라고 한다.

우리나라 미꾸리속 어류에는 미꾸리*Misgurnus anguillicaudatus*와 미꾸라지*M. mizolepis* 두 종류가 있다. 미꾸리는 몸이 원통형이고 입수염의 길이가 짧은 데 비하여, 미꾸라지는 몸이 옆으로 납작하고 입수염도 매우 길다. 그래서 미꾸리는 '둥글이', 미꾸라지는 '납작이'라고 부르기도 한다.

그림 4.6 미꾸리와 미꾸라지

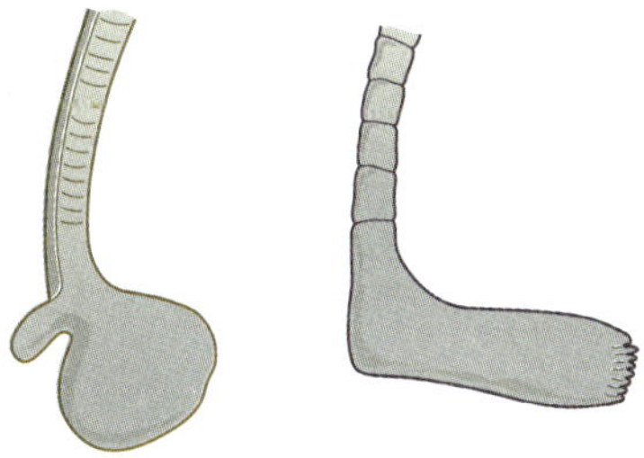

그림 4.7 미꾸리와 미꾸라지의 수컷 가슴지느러미 기부에 있는 골질반

그리고 미꾸리와 미꾸라지는 수컷의 가슴지느러미 기부에 나타나는 골질반 모양도 다르다. 미꾸리의 골질반은 둥글게 보이지만, 미꾸라지는 골프채 모양으로 길게 보인다(그림 4.7). 맛은 미꾸리가 낫지만, 미꾸라지가 성장이 더 빠르고 육질이 많아 양식에 주로 이용된다.

미꾸리라는 이름이 붙게 된 이유도 재미있다. 미꾸리는 보통 아가미로 호흡하지만, 물속에 산소가 부족해지면 수면 가까이 올라와서 주둥이를 물 밖에 내밀고 공기를 마신 후 창자 호흡을 한다. 들이마신 산소는 창자벽을 통해 몸에 흡수되고, 탄산가스는 장으로 배출되어 남은 공기와 함께 항문으로 나간다. 가스가 항문을 통하여 나오면서 10여 개의 공기 방울이 생기는데, 사람들이 이것을 보고 방귀를 뀌는 것으로 생각하여 밑이 구리다는 뜻으로 '밑구리'라는 이름을 붙였다. 물속의 산소가 부족할수록 미꾸리가 창자 호흡을 하는 횟수도 많아진다.

미꾸리는 몸이 가늘고 길며 앞부분이 옆으로 약간 납작하고, 꼬리자루(뒷지느러미의 맨 뒤쪽 지느러미 기조와 꼬리지느러미 기부까지의 거리)도 납작하다. 윗입술 주변에 입수염 3쌍이 있고, 아랫입술에 2쌍의 입술 돌기가 있다. 몸통 한가운데에 불완전한 측선이 나 있는데 잘 보이지 않는다. 가슴지느러미의 모양은 암컷과 수컷이 서로 다른데, 수컷은 가장자리 끝이 길고 뾰족하며 아랫부분에 둥근 모양의 골질반骨質盤을 가지지만, 암컷은 가슴지느러미 끝이 뾰족하지 않고 골질반도 없다.

미꾸리는 주로 밤에 먹이를 먹는데 진흙 바닥에 붙은 조류나 유기물 조각 등을 먹으며, 때때로 식물의 싹이나 열매, 해감 등을 섭식하기도 한다. 몸길이가 8 cm가 되기 전에는 실지렁이와 같은 작은 동물을 잡아먹는다.

겨울철에 수온이 5℃ 이하로 내려가거나 여름철에 기온이 35℃ 이상으로 올라가면, 미꾸리는 진흙을 한 뼘 이상 파고 들어가 추위나 더위를 피한다. 가뭄으로 인해 물이 마를 때도 마찬가지이다. 미꾸리가 여름잠을 잘 때는 못 밑바닥의 펄에 둥그런 구멍을 뚫고 그 속으로 몸을 구부리고 들어간다. 그리고 몸 둘레에 있는 약간의 습기와 펄 사이의 지열에 의지하여 호흡하면서 생명을 유지한다. 겨울에 논바닥이 건조하여 갈라지게 되더라도, 깊이 30 cm 정도의 흙 속에 파고 들어가 있어 겨울잠을 잘 수 있다.

미꾸리의 산란 시기는 지방에 따라 조금씩 다르기는 하지만, 대체로 4월 말에서 7월에 걸쳐 여러 차례 알을 낳는다. 논에 사는 미꾸리는 수량이 적을 때는 산란하지 않다가, 논에 물을 대고 모내기를 끝낼 즈음부터 산란을 시작한다. 웅덩이나 못에 사는 미꾸리도 인접한 논이나 도랑 위로 올라와 벼 포기 또는 수초에 알을 낳는다. 산란은 수온이 20℃ 정도 되는 맑은 날 이른 아침에 행해지는데, 6월이 지나 수온이 올라가면 비가 오거나 밤이 되어 수온이 낮아질 때를 기다려 산란을 한다.

미꾸리의 산란 행동은 매우 특이하다. 암컷은 알에서 부화한 후, 만2년이 지나면 성숙하여 산란한다. 암컷 한 마리에 수컷 두세 마리가 접근하여 주둥이로 암컷의 총배설공, 아가미, 가슴과 배 등을 자극하면 암컷이 수면 가까이 떠오른다. 이때 수컷들이 따라 올라와서 그중 한 마리가 암컷 총배설공을 중심으로 감아 조여 산란하면 수컷은 동시에 사정한다. 이런 동작은 2~3분마다 반복된다.

미꾸리 알의 지름은 1.2~1.5 mm로 거의 투명한 모습이며, 수초에 붙이거나 바닥에 가라앉아 부화한다. 알은 수온이 20~22℃인 환경에서 하루나 이틀이 되기 전에 부화하는데, 수온이 높을수록 일찍 부화한다. 부화한 새끼는 열흘이 되면 2 cm로 자라서 논이나 웅덩이에 살게 되며, 2년이 지나면 몸길이가 10 cm 정도로 자란다.

미꾸리와 미꾸라지는 오염된 물에서도 견딜 수 있는 끈질긴 생명력을 가지고 있는데 습지에 있는 모기 유충을 잡아먹거나 수질 정화에 이용되기도 한다. 특히 버려진 습지에 미꾸라지와 미나리를 같이 키우면, 폐하수의 오염물질을 효과적으로 줄일 수 있다. 최근에는 미꾸라지를 유기농법에 이용하기도 한다. 논에 미꾸라지를 풀어 놓으면 진흙을 파고 들어가는 습성 때문에 벼 뿌리에 산소 공급이 원활해지면서 줄기가 튼튼해진다. 또한 미꾸라지가 물을 흐려 잡초가 발아하지 못하기 때문에 제초제를 뿌리지 않고도 잡초를 관리할 수 있으며, 미꾸라지의 배설물이 벼의 영양분으로 공급되어 유기물이 순환되는 방법으로 벼를 기를 수 있다.

미꾸리와 미꾸라지는 요리 방법도 매우 다양한데, 우리 조상들은 예부터 미꾸리를 소금물에 넣어 진흙을 토하게 한 후 푹 고아서 국물을 내는 추어탕을 즐겨 먹었다. 미꾸리를 이용한 추어탕은 서유구의 『전어지』에도 '밋구리'라는 이름이 사용되어 "밋구리는 몸이 미끄러워서 붙잡기 어려우나 근육에 지방분이 많아 맛이 있고 물속에 밋구리를 넣어 진흙을 충분히 토하게 한 후 요리하는 것이 좋다"고 기록되어 있다. 요즘에는 전국 어디를 가나 추어탕집을 볼 수 있는데, 같은 추어탕이라도 지방마다 쓰는 재료, 양념, 요리법이 달라서 여러 가지 독특한 맛을 내고 있다.

적응력이 뛰어난 잉어와 붕어

잉어*Cyprinus carpio*는 중앙아시아가 원산지이지만 적응력이 아주 강하여 전 세계적으로 분포하며, 아종 혹은 변이종이 많지만 분류적으로는 단일종이다. 잉어는 단위 면적당 많은 양이 생산되므로 국내외에서 양식용으로 기르고 있어, 담수어류 가운데 경제적 가치가 가장 높은 어류이다. 그 예로 양식 목적으로 개발한 이스라엘 잉어(향어)와 관상용으로 개발된 비단잉어가 있다.

잉어는 보통 몸길이가 40~50 cm 정도이지만 큰 것은 1 m가 넘는 개체도 있다. 몸은 원통형으로 길고 옆으로 약간 납작하며, 머리는 원추형이고 주둥이는 둥글며 그 아래 입이 있다. 입수염은 2쌍으로 뒤쪽의 것은 굵고 길어서 눈의 직경과 같거나 약간 길다. 비늘은 크고 기왓장 모양으로 배열되어 있으며, 측선은 완전하고 배 쪽으로 약간 오목하다. 몸 등 쪽은 녹갈색을 띠고 배는 은백색이다. 등지느러미와 꼬리지느러미는 약간 짙은 색이고 다른 지느러미는 밝은색이다(그림 4.8).

잉어는 큰 강이나 저수지와 댐호 등의 깊은 곳에 살며 잡식성으로 부착조류, 조개, 수서곤충, 갑각류, 실지렁이, 어린 물고기를 먹는다. 수온 15℃ 이상에서 먹이를 먹기 시작하고, 24~28℃에서 먹이 활동이 왕성하다. 산란기는 5~6월로 수온이 18~22℃일 때 산란 성기를 맞는다. 산란기에는 암수 성체에 소형의 추성 돌기가 생기는데 수컷에 현저하나 혼인색은 나타나지 않는다. 주로 오전에 수초에 산란하여 부착시키는데,

그림 4.8 잉어

수정란은 수온 30℃에서 2일 지나 부화하여 전장 5.0~5.8 mm가 되고, 3일이 되면 전장 7 mm로 자라 물벼룩과 윤충 등의 동물플랑크톤을 먹는다. 만1년생은 10~15 cm 정도 자라고, 2년이 지나면 18~25 cm로 정도로 자라는데, 3년이 지나면 30 cm 정도로 성장한다. 100 cm가 되기까지는 10년 이상 걸리는데, 가두어 기르면 40년 이상 살기도 한다. 성숙한 암컷 한 마리는 보통 10만~30만 개의 알을 낳는다(内田, 1939).

용이 되어 하늘로 올라간다는 전설이 있는 잉어는 옛날부터 식용, 약용, 관상용으로 사람들이 좋아하였다. 잉어가 지닌 유려한 모습과 특징은 서예나 민화 그리고 공예품의 소재로 널리 사용되었다.

붕어*Carasius auratus*는 중국 대륙을 포함한 아시아와 유럽에서 아주 흔히 볼 수 있는 잉어과 어류이다. 우리나라에서도 하천 중하류나 저수지, 늪지 및 농수로의 수초가 있는 곳이면 어디에서나 살고 있다. 붕어는 낚시인들도 비교적 즐겨 낚는 종류일 뿐만 아니라 고기 맛도 특이하여 식용과 약용으로도 이용한다. 붕어는 온수성이지만 수온이 차고 깊은 댐호와 바닷물과 민물이 혼합되는 기수역에서도 살며, 수질이 오염된 곳에서도 잘 적응하여 살아간다.

붕어는 몸길이가 보통 5~20 cm이지만 큰 개체는 40 cm 이상 자라기도 한다. 몸은 옆으로 납작하고 큰 비늘이 기왓장 모양으로 덮이고 측선은 완전하며 비늘 수 29~31개, 새파 수는 42~52개이다. 머리는 뾰족하고 둔하나 주둥이 끝은 둥근 편이다. 미병부는 약간 납작하고 꼬리지느러미 가장자리 가운데는 안쪽으로 깊이 파여있다(그림 4.9).

붕어는 사는 장소에 따라 체색이 조금씩 달라서 맑은 물속에 사는 무리는 연한 청색을 띠지만, 탁하고 고인 물속에서는 황갈색을 띤다. 붕어는

그림 4.9 붕어

잡식성으로 식물의 씨, 잎줄기, 동물플랑크톤, 작은 갑각류, 실지렁이와 수서곤충의 유충 등을 먹는다. 산란기는 4~7월이지만 주로 5월에 알을 낳는다. 수온이 17~18℃가 되면 여러 곳에 흩어져 살던 붕어들이 수심이 깊지 않고 유속이 느리며 수초가 우거진 곳에 모여들어 산란장을 만든다.

붕어가 산란을 시작하기 전, 떼를 지어 쫓고 쫓기는 행동을 계속하면 물이 대기 중으로 튕겨 나오는 소리는 소나기가 쏟아져 내리는 것처럼 들린다. 이러한 산란 행동은 가는 비가 내리는 이른 아침 5시경 시작하여 오전 9시경 끝낸다. 소란한 장면이 마친 뒤 현장에 가보면 수초에 많은 알이 붙어 있는 것을 볼 수 있다.

암컷 한 마리는 여러 차례 걸쳐 1만~1.5만 개의 알을 낳는다. 알은 끈적한 점착란粘着卵으로 알의 직경은 1.0~1.7 mm이고 부화율은 80~90%이다. 수정란은 수온 15℃에서 8~10일, 수온 20℃에서 약 5일이 지나 부화한다. 부화 직후 몸길이는 4.5~5 mm이고, 5~6일 후 난황이 전부 흡수되어 9 mm로 자라며, 한 달이 지나면 20~30 mm, 만1년생은 140~160 mm, 만2년생은 160~180 mm, 만3년생이면 200~230 mm로 자란다. 몸길이 370 mm 이상이면 10년생이고 수명이 30년 정도인 붕어도 있다.

붕어의 나이는 식물의 나이테처럼 비늘에 나타나는 성장선의 간격을 현미경으로 관찰하여 알 수 있다. 성장이 빨리 일어나는 봄과 여름에는 성장선의 간격이 넓어졌다가 가을이나 겨울에는 그 간격이 좁아져 테가 생기는데, 이와 같은 테의 수를 세어서 붕어의 나이를 추정할 수 있다.

붕어는 우리나라 전역에 분포하며 포획되는 양도 많고, 맛도 있어서 우리 조상들도 예로부터 그 맛을 즐겨왔다. 허준의 『동의보감』에서도 붕어는 "위를 다스리고 오장을 이롭게 하며 속을 조절하고 기운이 떨어지는 것을 막으며 설사를 멈추게 한다"고 기록되어 있다.

붕어와 잉어가 같은 장소에서 사는 때에는 가끔 그들 사이에 잡종이 생기기도 하는데 잡종 제1대는 1쌍의 수염을 가지고(붕어는 수염이 없으나 잉어는 2쌍의 수염을 가지고 있다), 인두치는 2열(붕어는 1열, 잉어는 3열)이지만 잡종 제2대는 만들어지지 않는다.

떡붕어*Carassius cuvieri*는 일본의 비와호琵琶湖가 원산지인데, 일본 각지로 이식되어 널리 분포하고 있다. 1972년, 우리나라 댐호와 저수지에 떡붕어가 도입되었고 이제는 붕어보다 떡붕어가 더 우세하게 출현하여 정착된 실정이다. 떡붕어는 붕어보다 체고가 높고 미병부는 낮다. 붕어의 새파 수는 44~52개인데 비하여 떡붕어는 92~128개로 훨씬 많으며, 새파 역시 더 가늘고 긴 편이다. 관상용으로 널리 이용되고 있는 금붕어의 원산지는 중국이며, 인위적 또는 자연적 교잡으로 만들어진 변이로 20여 품종이 있다.

5장

나의 어류 탐구 이야기

반문변이의 호기심에서 시작한 우리 물고기 연구

저자는 1960년, 서울대학교 사범대학 생물학과에 입학하여 생물학을 전공하였다. 동물의 계통과 생태 및 유전학 강의가 있는 날이면 저자는 관심을 갖고 실험에 적극 참여하곤 하였다. 대학을 졸업하고 군 복무를 마친 후, 최기철 교수의 연구실에서 담수어류 야외조사에 참여하였는데, 이 일이 물고기를 연구하는 계기가 되었다.

1972년 7월에 최기철 교수의 추천으로 저자는 국제생물연구계획 International Biological Plan, IBP 프로그램의 연구원으로 일본 에히메대학愛媛大学의 미즈노水野信彦 교수의 연구실에서 담수어류의 야외 생태조사 방법을 배우고 돌아와 이를 바로 조사 연구에 적용하였다.

그 후 한국 국제생물연구계획의 연구 프로젝트인 '한강 조종천 어류 군집 연구' 과제에 참여하여 2년 동안 조사한 결과를 최기철 교수와 함께 논문으로 발표하였다. 그 이후에도 무주 남대천, 강릉 남대천, 내장산

그림 5.1 최기철 박사(1910~2002)

일대 및 비무장지대의 어류상과 지리적 분포를 조사하면서 우리나라 담수어류의 분포와 생태에 더욱 관심을 가지게 되었다.

그 가운데서 특히 호기심을 가지며 주목하였던 어류는 우리나라 하천 어디에서나 흔히 볼 수 있는 미꾸리과 어류의 기름종개속 어류였다. 기름종개는 체측에 일정한 갈색 반점을 가지고 있는데, 채집 장소가 달라지면 체측 갈색 반점도 일정하지 않아 그 이유에 대해 의문을 품었었다. 기름종개는 우리나라 여러 하천에 널리 분포하는데 지역에 따라 '양수라미', '기름쟁이', '무늬미꾸라라지' 등으로 다른 이름으로 부르고 있었다. 학명은 '코비티스 타에니아*Cobitis taenia*'로 스웨덴 분류학자 린네Carl Linne가 처음으로 명명하였다. 기름종개는 유럽과 아시아 대륙의 하천에 널리 분포한다고 알려졌었다.

1939년, 일제 강점기에 조선총독부 수산시험장에서 연구원으로 근무하였던 우치다内田恵太郎는 그의 저서 『조선어류지』朝鮮魚類誌에서 "한국에 사는 기름종개는 체측에 점열형, 종대형, 중간형의 3가지 반문형이 있지만, 종의 특징을 나타내는 수컷의 가슴지느러미 기부에 있는 골질반骨質盤 모양이 모두 원형으로 동일종인 '기름종개*Cobitis taenia*'이다(그림 5.2). 그러나 이러한 반문형은 단순한 변이라기보다는 유전적 및 환경적

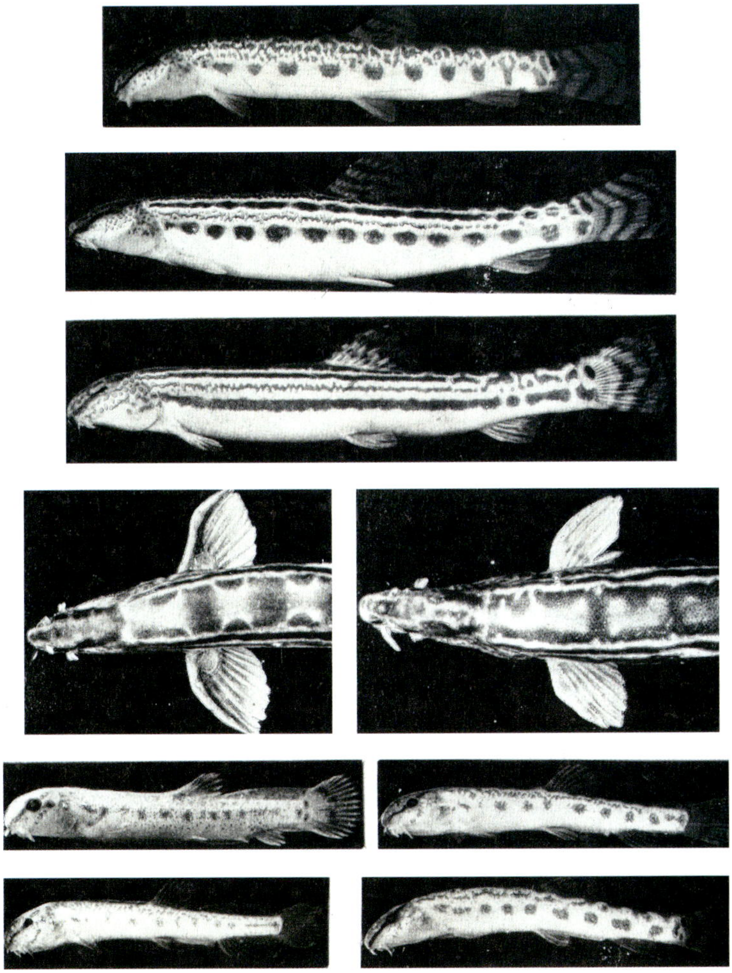

그림 5.2 기름종개의 반문형(内田, 1939)

요인이 관련되기 때문에 추후 면밀한 조사가 요구된다"는 기록을 남겼고, 저자는 이 기록을 보고 기름종개의 반문변이 문제에 관심을 갖기 시작하였다.

그 결과 이러한 반문형은 기름종개 어류의 지리적 분포뿐만 아니라

그림 5.3 기름종개의 7 반문형

서식처 상태와도 관련되어 있다는 사실도 알게 되었다. 나아가 조사를 거듭하여 우리나라 주요하천에서 채집한 기름종개 1,107마리의 표본의 체측반문형과 수컷 가슴지느러미 기부의 골질반을 비교하여 정리할 수 있었다. 그리고 정리한 내용을 1974년, <한국육수학회지>에 '한국산 기름종개*Cobitis taenia*의 연구'라는 제목의 논문으로 발표하였다(김익수, 1974).

저자는 이 논문에서 한국의 기름종개 반문형을 횡반A형, 횡반B형, 횡반C형, 종대A형, 종대B형, 점열형, 중간형 등 7가지 반문형으로 구분하였고, 반문형의 수컷의 골질반 모양은 횡반A형이 세장형인데 비하여 다른형은 삼각모양 혹은 반원형으로 구분되었다는 사실을 보고하였다(그림 5.3).

내장산 일대의 조사에서 얻은 새로운 아이디어

한국자연보존협회에서는 1974년 8월 1일부터 8월 5일까지 내장산 일대 종합학술조사의 일환으로 담수어류 조사를 실시하였다. 그 조사에서 최기철 교수는 연구책임자로, 저자는 연구원으로 참여하였다. 출발 전에 내장산 조사 수역의 지도를 보았는데, 내장산 일대의 분수령에서 서쪽 사면에 있는 내장산 계류는 정읍시를 지나 동진강에 합류하여 서해안으로 유입하고, 서남쪽 사면에 백양사를 지나는 계류는 장성 황룡강과 영산강에 합류하여 목포의 서남해안으로 유입하였다. 그리고 내장산 일대

분수계의 동남쪽 사면에 흐르는 전북 순창 복흥면 계류는 추령천을 지나 섬진강 상류에 합류하여 남해안으로 흐른다는 사실을 알았다. 이전에 조사한 기름종개 반문형 조사 결과를 보면 동진강 수계에서는 기름종개 횡반A형이, 영산강 수계에서는 횡반B형이, 그리고 섬진강 수계에서는 횡반C형과 종대형 표본이 출현하였기 때문에 이번 조사에서도 같은 채집 결과가 예상되었다. 최기철 교수에게도 이러한 생각을 전달하였지만, 최기철 교수는 변이 문제는 매우 복잡하므로 단정하지 말고 조

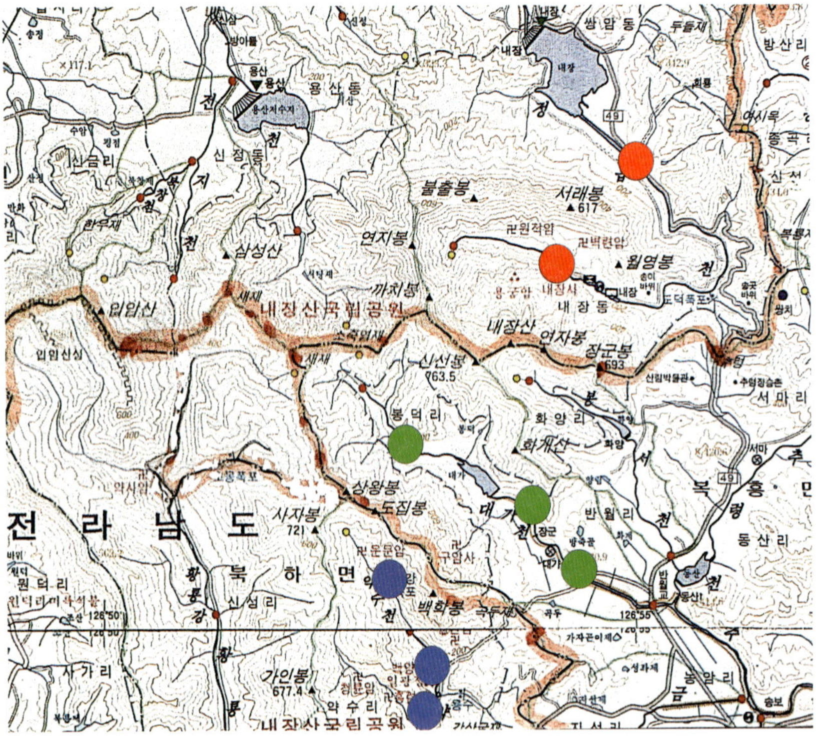

● 동진강 수계 ● 섬진강 수계 ● 영산강 수계

그림 5.4 내장산 일대 주사 수역 지도

사해보자고 말하며 크게 주목하지 않았다. 하지만 저자는 예상한 바와 같은 결과가 나오리라고 기대하면서 조사를 시작하였다.

조사가 시작된 첫째 날 전북 내장사 계류와 정읍천을 조사하는 동안 기름종개의 횡반A형 표본이 채집되었고, 둘째 날 백양사 계류와 장성의 하천에서도 예상했던 대로 기름종개 횡반B형의 표본이 채집되었다. 셋째 날, 내장산 분수령 동남쪽 사면인 순창군 복흥면 대가리와 동산리의 계류에서는 하천의 유속이 매우 빠르고 바닥에 큰 돌들이 많아 투망으로는 기름종개 표본을 채집할 수 없었다. 그리고 넷째 날, 채집 방법을 달리하여 주민들의 도움을 받아 전기충격기를 사용하였고 그 결과 하천의 돌 밑에서 기름종개 횡반C형과 종대A형 개체들을 채집할 수 있었다(그림 5.4). 저자는 최기철 교수에게 그 표본을 보여주었고, 최기철 교수는 매우 반기며 동행하였던 기자들에게 횡반C형과 종대A형 표본을 보여주면서 이 집단은 학술적으로 매우 중요한 의미가 있다고 강조하였다. 그 후 1974년 12월에 발간된 종합보고서에는 '내장산 일대의 담수어에 관하여'라는 제목으로 발표하였다.

동진강 수계 내장천에서 기름종개 암컷 9개체와 수컷 4개체는 횡반A형으로 수컷 가슴지느러미 기부의 골질반은 한강 수계의 기름종개 수컷의 골질반과 같이 가늘고 긴 세장형細長形이다. 영산강 수계 약수천에서는 기름종개 암컷 8개체와 수컷 2개체는 횡반B형으로 수컷의 가슴지느러미 골질반은 둥글게 보이지만 일본산 기름종개의 수컷 골질반의 구조와는 다르다. 섬진강 수계의 기름종개는 체측 제1횡반문에 뚜렷한 흑점을 가진 횡반C형의 암컷 9개체, 수컷 1개체와 종대A형 암컷 5개체와 수컷 2개체가 채집되었는데 수컷 가슴지느러미 기부 골질반은 모두 원형이지만 횡반B형과 다르다.

이상과 같이 3 수계에 서식하는 기름종개가 각각 이형으로 나타난 것은 내장산 일대에서 분기되는 섬진강, 동진강, 영산강 수계가 각각 독립된 이후에 서로 다른 종으로 분화가 일어났다는 의미하는 것이다.

우리나라 기름종개에 나타나는 7개의 반문형은 분류적인 문제가 있었다는 사실은 이미 알고 있었다. 하지만 내장산과 백양사 일대의 담수어류를 조사하는 과정에서 상류에서 다른 방향으로 분리되어 흐르는 계류가 본류를 지나 동진강은 서해안으로, 영산강은 서남해안으로, 그리고 섬진강은 남해로 유입되는 동안 서로 만나지 않고 독립적으로 수십만년 이상 지속해오면서, 서로 다른 환경에 적응해서 분화하여 생식적으로도 격리되어 다른 종으로 분화하였다는 생각이 들었다. 따라서 한국의 기름종개 반문형도 이와 같은 종분화 과정에서 나타난 변이로 추정하는 좋은 기회가 되었다고 생각하였다.

미즈노 교수를 만나서 날반트 박사에게 편지를 보내다

전국 여러 하천에 사는 기름종개 반문형과 수컷의 골질반을 조사하는 동안 저자는 하천에 따라 분포하는 기름종개의 종류가 다르다는 점에 주목하였다. 우리나라 서해안으로 흐르는 한강으로부터 동진강의 하천에 사는 기름종개는 횡반A형이고, 영산강과 탐진강 그리고 그 인접 하천에 사는 기름종개는 횡반B형이며, 섬진강에 분포하는 기름종개는 횡반C형으로 서로 달랐다. 또한 그들의 수컷 가슴지느러미 기부에 있는 골질반 모양도 유럽과 일본에 분포하는 기름종개*Cobitis taenia*의 반문형과 수컷 가슴지느러미 기부에 있는 골질반 모양도 서로 구별될 정도로 달라서, 저자는 우리나라 기름종개 횡반형은 다른 종일 가능성이 있다고 생각하고 있었다. 그리고 낙동강에 사는 점열형, 섬진강의 종대A형, 영산강과 탐진강의 중간형과 종대B형도 지리적으로 잘 구분되고 있어 분류학적 조사가 필요하다고 생각하였다.

1974년 여름, 일본의 미즈노 교수가 한일 공동연구 계획으로 한국을

그림 5.5 일본어류학회에서 다시 만난 미즈노 교수

방문하여 조사하는 동안 저자는 미즈노 교수를 안내하며 동행하였다. 이때 저자는 미즈노 교수에게 우리나라 기름종개 횡반형의 반문과 그들의 수컷 가슴지느러미에 있는 골질반 모양을 보여주면서, 이는 일본의 기름종개와 다르다고 말하였다. 그러자 미즈노 교수는 표본을 주시하면서 새로운 종일 가능성도 있어 보인다고 반기면서, 기름종개속 어류는 유라시아 대륙에 널리 분포하기 때문에 이 분야의 세계적 전문가인 루마니아의 날반트Teodor Nalbant 박사에게 문의하여 확인하기를 권유하였고, 이후에 날반트 박사의 주소와 관련된 여러 문헌을 저자에게 보내왔다.

저자는 날반트 박사에게 편지를 발송하려고 준비하다가, 당시 우리나라는 공산권 국가인 루마니아와는 개인적인 서신을 교환하거나 방문을 할 수 없다는 사실을 알고 편지를 보내지 못하였다. 그 후 몇 주 지난 어느 날 신문에서 공산권 국가라 할지라도 비적성국인 경우는 1974년 9월 1일부터 학술적인 서신 교류가 가능하다는 기사를 보고, 마치 저자를 위해 보도가 나온 것이 아닌지 착각할 정도로 반가움을 느꼈다. 9월이 되어 저자는 날반트 박사에게 한국의 기름종개의 반문변이 결과와 표본 및 사진을 동봉하고 분류적 문제를 문의하는 편지를 발송하였다.

그 후 3개월이 지난 1975년 1월 15일에 날반트 박사의 회신 편지를 받았다. 날반트 박사는 편지에서 "보내준 한국의 기름종개 3가지 횡반형은 아직 알려지지 않은 하나의 동일종conspecific species이면서 3가지 다른 아종subspecies으로 생각하고, 종대A형과 종대B형은 일본산 기름종개속의 다른 종(*Cobitis matsbarae*나 *C. striata* 혹은 *C. takasuensis*)에 가까운 종이다"고 알려주면서 기름종개속 어류에 관련된 여러 문헌을 보내왔다(그림 5.6).

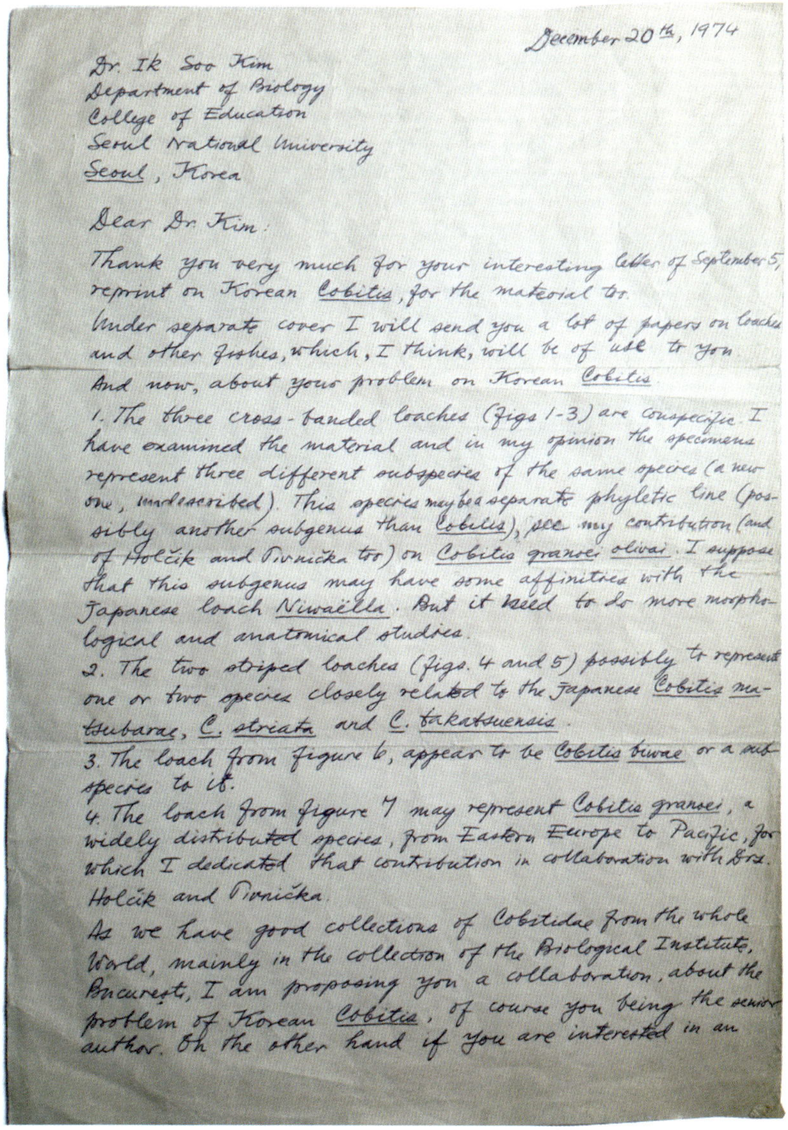

December 20th, 1974

Dr. Ik Soo Kim
Department of Biology
College of Education
Seoul National University
Seoul, Korea

Dear Dr. Kim:

Thank you very much for your interesting letter of September 5, reprint on Korean *Cobitis*, for the material too.
Under separate cover I will send you a lot of papers on loaches and other fishes, which, I think, will be of use to you
And now, about your problem on Korean *Cobitis*
1. The three cross-banded loaches (figs 1-3) are conspecific. I have examined the material and in my opinion the specimens represent three different subspecies of the same species (a new one, undescribed). This species may be a separate phyletic line (possibly another subgenus than *Cobitis*), see my contribution (and of Holčík and Pivnička too) on *Cobitis granoei olivai*. I suppose that this subgenus may have some affinities with the Japanese loach *Niwaëlla*. But it need to do more morphological and anatomical studies.
2. The two striped loaches (figs. 4 and 5) possibly to represent one or two species closely related to the Japanese *Cobitis matsubarae*, *C. striata* and *C. takatsuensis*.
3. The loach from figure 6, appear to be *Cobitis biwae* or a subspecies to it.
4. The loach from figure 7 may represent *Cobitis granoei*, a widely distributed species, from Eastern Europe to Pacific, for which I dedicated that contribution in collaboration with Drs. Holčík and Pivnička.
As we have good collections of Cobitidae from the whole World, mainly in the collection of the Biological Institute, Bucureşti, I am proposing you a collaboration, about the problem of Korean *Cobitis*, of course you being the senior author. On the other hand if you are interested in an

그림 5.6 날반트 박사의 편지

저자는 이 편지를 보면서 지금 조사하고 있는 기름종개의 횡반형 집단들은 분명 '코비티스 타에니아*Cobitis taenia*'는 아니며 아직도 세상에 알려지지 않은 새로운 종이라고 생각하면서 신종 기재 원고를 준비하기 시작하였다.

1975년 1월과 2월의 겨울방학은 서울대학교가 관악 캠퍼스로 이전을 준비하던 관계로 저자는 학과 사무실에서 매우 바쁘게 지내고 있었다. 학과 사무실에서 공문을 처리하던 중, 전북대학교에서 동물분류학 전공 교수를 채용한다는 서류를 보게 되었다. 이 분야는 마침 저자가 연구하고 있었던 분야이고 발표논문도 있었기에 학과 교수님들과 상의한 후, 전주에 가서 관련 서류를 학교에 제출하였다. 그리고 면접과 전형을 거쳐 1975년 3월 5일 전북대학교 사범대학 과학교육과 전임강사 임용 통지를 받고 가족과 함께 전주로 이사하였다.

신종 참종개, 왕종개와 부안종개를 발표하다

1975년 3월, 신학기가 시작되어 수업 준비와 강의를 하고 주말에는 전주 근교 고산천에 가서 어류 표본을 채집하면서 연구실에서 미루어 두었던 논문을 작성하기 시작하였다. 동물학명은 안정성과 보편성을 증진하고 학명의 유일성을 보증하기 위한 명명법nomenclature을 적용해야 하므로 신중히 검토하였다.

종을 기재하는 원고는 다른 논문과는 달리 학명, 모식표본type specimen 지정, 동종이명同種異名, synonymy, 기재description와 분류학적 논

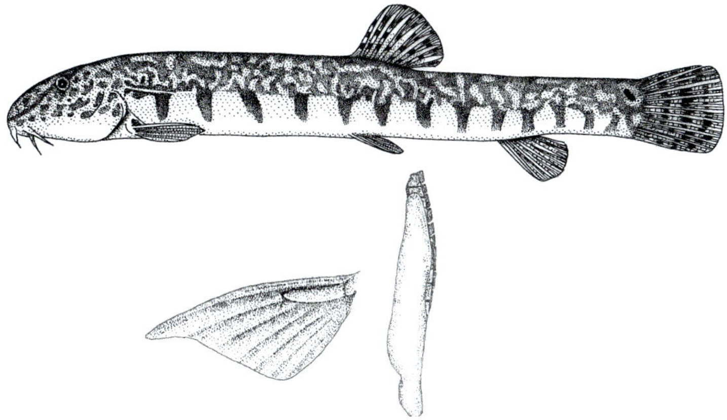

그림 5.7 참종개와 수컷 가슴지느러미, 골질반 모양

의 등이 포함된다. 날반트 박사와 미즈노 교수가 보내준 논문을 참조하여 처음으로 작성한 원고는 기름종개 횡반A형에 대한 기재로, 학명은 '코비티스 코리엔시스*Cobitis koreensis*'로 정하고 국명은 '참종개'라 하였다.

참종개 *Cobitis koreensis* Kim, 1975

작성한 원고는 1975년, <한국육수학회지>The Korean Journal of Limnology 제8권(pp. 51-55)에 'A new species of cobitid fish from Korea(*Cobitis koreensis*)'란 제목으로 발표되었다. 속명 '코비티스*Cobitis*'는 그리스어로 '미꾸리'를 지칭한 것이고, 종명 '코리엔시스*koreensis*'는 이 종이 '한국'에 산다는 의미로 명명한 것이다.

참종개는 수컷 가슴지느러미의 기부에 있는 골질반이 가늘고 길며 체측 아래에 10~18개 갈색 횡반문이 배열되어 있다. 체측 위쪽에는 구름 모양의 갈색 반점이 산재한다. 체측에는 4열의 갈색 줄과 반점으로 배열되는 기름종개속 어류의 전형적인 4개의 감베타 반문대신 횡반문cross band이고, 수컷 가슴지느러미 기부의 골질반이 원형이 아닌 세장형細長型으로 아직 발표되지 않는 새로운 종이다. 신종은 한반도 서해안으로 흐르는 한강으로부터 금강, 만경강, 동진강과 삼척오십천에 분포한다.

참종개는 주로 자갈이 많이 깔린 여울에서 부착조류와 수서곤충의 유충을 섭식한다. 만 2년이 지나면 전체 길이 60~85 mm로 성장하는데, 6월에 산란한다는 사실은 나중에 <한국생태학회지>에 따로 보고하였다(김익수, 1978).

1993년, 날반트 박사는 새로운 속인 참종개*Iksookimia*속을 기재 및 발표하면서 참종개, 왕종개, 미호종개, 부안종개, 북방종개가 여기에 해당한다고 발표하였다. 그 이후에는 참종개의 학명은 '*Iksookimia koreensis*'로 변경하여 사용하고 있다.

왕종개 *Cobitis longicorpus* Kim, Choi, and Nalbant, 1976

그 후 저자는 기름종개 횡반C형의 체측 갈색 횡반문은 횡반B형에 비하여 반문폭이 아주 넓고, 첫 번째 혹은 두 번째 갈색 횡반 위쪽에는 진한 검정색 반점이 있다는 점을 확인하였다. 이는 기름종개, 참종개 및 다른 유연종과도 잘 구별되어 신종 '코비티스 롱지코르푸스*Cobitiis longicorpus*'라고 명명하였다. 국명은 '왕종개'라 명명하였는데 1976년, <한국동물학회지> 12월호인 19권 4호에 이를 발표하였다. 종명 '롱지코르푸스

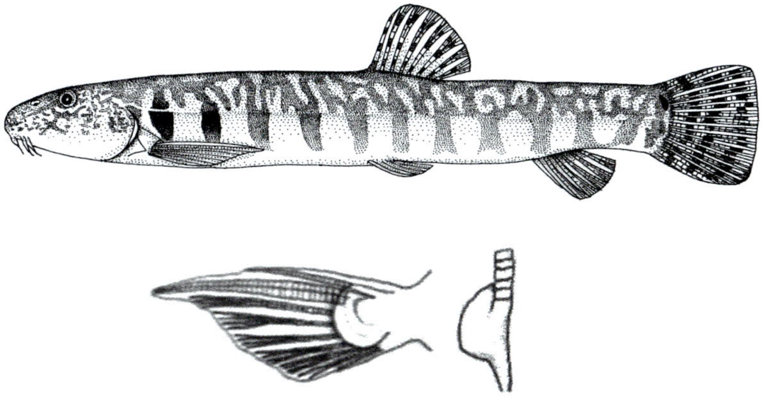

그림 5.8 왕종개와 수컷 가슴지느러미, 골질반 모양

longicorpus'는 longi(긴)와 Corpus(몸)라는 라틴어의 합성어로 몸이 길다는 의미이다. 명명자 Kim은 저자 김익수, Choi는 최기철 교수, Nalbant는 날반트 박사이다.

저자는 섬진강에 분포하는 기름종개 횡반C형의 집단은 기름종개*C. taenia*나 참종개*C. koreensis*와는 달리 몸통이 아주 통통하고 길며, 체측 횡반문 폭이 넓고 길다는 점을 확인하였다. 또한 첫 번째 횡반문 상단에 진한 흑갈색 반점이 뚜렷하며, 종의 식별 형질인 수컷 가슴지느러미 기부의 골질반 겉모양은 혹처럼 볼록하고 원형이지만, 속모양은 세모꼴이어서 참종개의 골질반과도 잘 구별된다는 사실을 보고하였다.

왕종개는 우리나라 섬진강, 낙동강, 울산 태화강과 남해안으로 유입하는 하천과 인접한 섬의 담수역에도 분포한다. 왕종개는 하천 중상류 유속이 비교적 빠르고 큰 자갈이 있는 곳에서 주로 수서곤충의 유충을 먹고 산다. 산란기는 5~7월이고 큰 개체는 전장 18 cm 이상 자란다.

영산강과 탐진강 수계에 분포하는 횡반B형은 수컷 가슴지느러미 기부에 이차 성징으로 나타나는 골질반 구조는 횡반C형과 비슷하다. 그러나 횡반문이 매우 가늘고 첫 번째 횡반문 위에 흑색 반점이 없어 횡반C형과는 구별되었다. 따라서 왕종개의 다른 아종subspecies일 가능성을 남겨 두고 왕종개 기재에는 포함하지 않고 유보하였다. 후에 왕종개의 속명도 날반트 박사에 따라 '*Iksookimia longicorpa*'로 변경되었다.

부안종개 *Cobitis koreensis pumila* Kim and Lee, 1987

1980년, 전라북도 부안군 상서면 계류에서 서해안으로 흐르는 백천의 어류상을 조사하는 동안 참종개와는 반문형이 약간 다르지만, 수컷 가슴지느러미 골질반이 참종개와 같은 세장형인 집단이 우점종으로 출현하여 이목을 끈 적이 있다.

전장 범위는 75 mm 이하로 모두 소형이었고 체측 횡반문의 수도 5~10개로 참종개보다 적었다. 체측 상반에는 참종개에서 보이는 구름 모양의 갈색 반문이 없는 대신, 짧은 황반문이 등 쪽에서 상반부 아래로 배열되고 있는 부분은 참종개의 체측반문과 잘 구별되었다. 따라서 지리적 및 형태적으로 구분되어 참종개에 해당하는 새로운 아종, '코비티스 코리엔시스 푸미라*Cobitis koreensis pumila*'로 명명하고 국명은 '부안종개'라 정하여 1987년, <한국분류동물학회지> 제3권 1호에 이완옥 박사와 공동으로 발표하였다. 나중에 부안종개의 학명도 날반트 박사에 따라 아종이 아닌 독립된 종 '*Iksookimia pumila*'로 변경되어 사용하였다.

1996년, 부안 백천의 하류에 부안댐이 축조되면서 부안종개가 사는

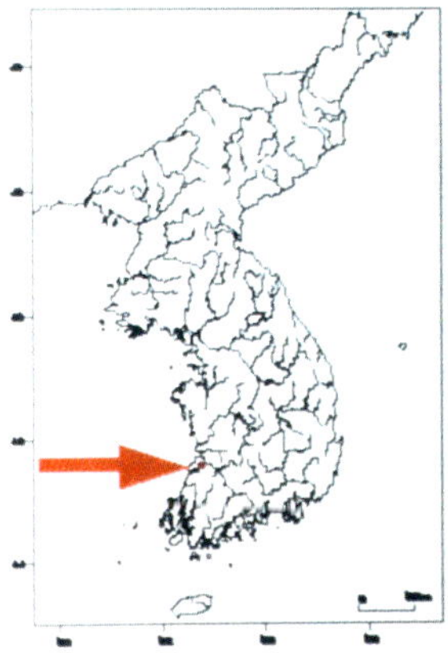

그림 5.9 부안종개와 분포도 및 서식처

부안 백천 서식지가 현저하게 좁아져 환경부에서는 2011년, 부안종개를 절멸이 우려되는 위급종Critically Endangered으로 평가하여 관리하고 있다.

미호천에서 찾아낸 미호종개

저자는 1980년, 천안 근교에 있는 미호천을 고속버스로 지날 때마다 모래가 많은 미호천을 내려다보면서 미호천에는 어떤 종류의 기름종개속 어류가 사는지 궁금해하였다. 인접한 대전 가까이에 있는 자갈이 깔린 금강에는 참종개가 우점하고 있었기 때문이다.

저자는 1982~1983년에 이르는 1년간 미국 북 일리노이대학학교 생물학과에서 박사후 연수 과정을 마치고 돌아와 국내 관련 학회지 논문을 살펴보던 중 1983년, <한국육수학회지>에 게재된 서원대학교 손영목 교수의 '미호천의 담수어류상에 관한 연구' 논문에서 미호천에 점줄종개와 참종개가 출현한다는 내용을 보았다. 저자는 미호천의 기름종개속 어류 반문형이 궁금하여 손영목 교수에게 전화로 연락해서 방문하기로 약속하고 연구실로 찾아갔다.

손영목 교수가 참종개와 점줄종개로 분류한 표본을 꺼내어 보니 점줄종개 반문은 예상하였던 대로 일치하였다. 그러나 참종개로 분류한 표본은 전형적인 횡반문과 세장형의 골질반을 가지고 있었지만, 그 가운데 일부 표본은 체측에 횡반문과는 달리 약간 둥근 모양의 갈색 반점을 가지고 있었다. 또한 미병부는 참종개보다는 현저하게 가늘고 주둥이는 비교적 뾰족한 모양인 것을 보고는 직감적으로 참종개와는 다르다는 느낌을 받았다.

그러나 분류의 중요한 형질인 수컷 가슴지느러미의 기부에 있는 골질반 모양은 겉으로 보아 참종개와 같이 가늘고 긴 세장형이어서, 손영목 교수에게 문제가 되는 표본을 빌려 전주로 다시 돌아왔다. 그리고 빌려온 표본의 외부 형태와 체측반문, 그리고 수컷 가슴지느러미 기부에 있는 골질반과 비늘의 구조를 해부현미경과 광학현미경으로 자세히 관찰하였다. 체측반문은 역시 참종개나 기름종개 및 점줄종개와 다르게 약간 둥근 부정형이었고, 미병부는 매우 가늘며, 비늘의 초점부는 아주

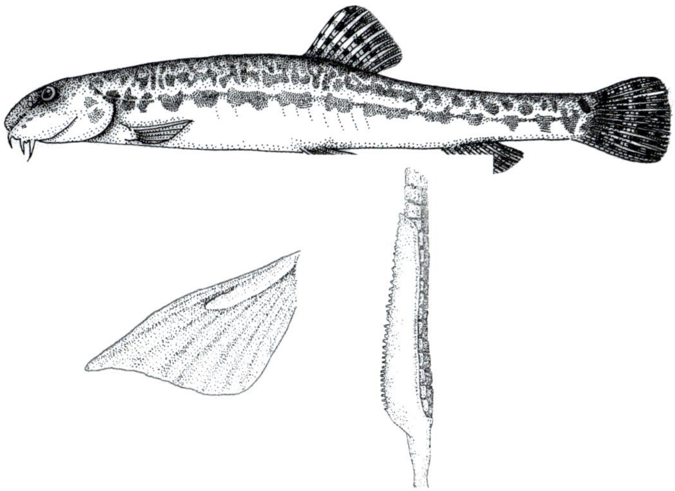

그림 5.10 미호종개와 수컷 가슴지느러미의 골질반

넓었다. 또한 수컷 가슴지느러미의 기부 골질반은 세장형이지만 바깥쪽 가장자리에는 톱니 모양의 작은 거치가 뚜렷하게 배열된 구조를 확인할 수 있었다. 이를 보고 저자는 표본이 참종개와는 다른 종이라고 생각하여 이 사실을 손영목 교수에게 알리고 추후 현장 조사를 진행하면서 다시 논의하기로 하였다.

1983년 5월 28일, 저자는 청주에 가서 손영목 교수와 함께 충청북도 청원군 오창면 여천리의 미호천 모래 하천에서 족대를 사용하여 체장 55.5~69.9 mm의 암컷 11마리와 수컷 3마리 표본을 채집하였다. 그리고 참종개의 형태와 골질반 형질을 비교하고 이를 기재하여 1984년 1월, <한국동물학회지> 제27권 1호에 '*Cobitis choii*, a new cobitid fish from Korea'라는 제목으로 손영목 교수와 공동저자로 해당 내용을 발표하면서 국명은 '미호종개'라 명명하였다. 학명 '*choii*'는 대학 시절 은사이자 우리나라 담수어류 연구에 큰 업적을 남긴 최기철 박사의 성을 따서 헌정하였다.

미호종개의 몸길이는 7~10 cm에 달하며 몸은 가늘고 길며 약간 납작하다. 주둥이 앞쪽은 뾰족하고 아래쪽 가장자리에 3쌍의 입수염이 있다. 또한 눈 밑에는 움직이는 안하극suborbital spine이 있으며 미병부는 가느다란 모양이다. 수컷의 가슴지느러미 기부에 있는 골질반 가장자리에는 톱니 모양의 거치가 있다. 몸은 옅은 노란색 바탕에 체측 중앙에 12~17개의 약간 둥글거나 세모꼴의 갈색 반문이 배열되어 있고, 그 위에는 크고 작은 갈색 반점이 미병부까지 이어진다. 그리고 꼬리지느러미 기부 상단에 한 개의 작은 흑색 반점이 있다. 등지느러미와 꼬리지느러미에는 3~4줄의 갈색 점열 무늬가 있어 참종개, 왕종개, 부안종개, 기름종개와 잘 구별되었다.

미호종개가 서식하는 금강의 미호천, 지천 및 백곡저수지 인접 하천은 오염원이 없는 맑은 물이 비교적 천천히 흐르고 있다(유속 10~25 cm/sec). 미호종개는 비교적 가는 모래가 깔린 옅은 수역(수심 5~20 cm)에 서식하는데, 성장한 개체는 주로 파리목 깔다구과 유충과 요각목copepoda, 새각목Branchiopoda, 윤충류rotifera, 규조류diatom 등을 섭식한다. 또한 이곳에는 피라미, 돌고기, 돌마자 등이 함께 서식하는데, 당년생當年生은 전체 길이 38~45 mm, 만 1년생은 전체 길이 46~60 mm, 만 2년생은 전장 61~80 mm, 만 3년생 이상은 81~93 mm 이상으로 추정되었다(고명훈과 방인철, 2014, 2018). 산란기는 5월에서 6월이다.

분포지는 금강의 미호천과 인접한 유구천(공주), 갑천(대전), 지천(청양, 부여) 등지에 분포하지만, 수질 오염 및 서식지 개발로 인하여 집단의 개체 수가 현저히 감소하였다. 환경부는 미호종개를 멸종위기 야생동물 1급(1997)과 멸종위기 적색목록 위기종(2011)으로 지정하였으며 문화재청에서는 2005년, 미호종개가 학술적 보존 가치가 크고 분포범위가 제한되어 있음을 고려하여 천연기념물 제454호로 지정하였다.

러시아의 어류학자 바실에파와 바실에프Vasil'eva and Vasil'ev는 1985년, 시베리아 아무르강에서 '코비티스 레베데비*Cobitis lebedevi*'를 신종으로 발표하였다. 이후 날반트 박사는 보우구츠야Bougutskaya et al, 2008와 함께 '코비티스 레베데비*Cobitis lebedevi*'를 '미호종개*Cobitis choii*'의 동종이명으로 수정하여 보고하였다. 저자는 미호종개를 우리나라에 제한적으로 분포하는 한국의 고유종으로 생각하였지만, 추후 아무르강 수계 표본과 비교 검토가 요구된다고 생각한다.

외딴 섬 금오도에 갇혀있던 신종, 좀수수치를 찾아내다

우리나라 남해안 서쪽에 있는 금오열도는 전라남도 여천군 남면과 돌산읍에 속한 섬들로 구성되었다. 금호열도 대부분의 섬은 구릉산지로 상록활엽수와 침엽수의 혼합림으로 이루어졌으며, 해안은 소규모의 만과 갑으로 이루어졌다. 한국자연보존협회에서는 1993년 7월 5일에서 6일, 8월 2일에서 5일, 9월 23일에서 24일에 다도해 해상국립공원 금오열도의 종합학술조사를 실시하였다. 금오열도의 연안과 내륙 하천에 서식하는 어류 15목 59과 113종을 확인하고 그 가운데 14종의 담수어류를 보고하였다. 또한 금오도에서는 뱀장어, 붕어, 니와엘라속 미확인 종*Niwaella* sp., 자가사리, 미꾸리, 은어, 밀어 7종을 보고하였다(김익수, 이완옥, 윤창호, 1994).

저자는 우리나라 섬에 사는 민물고기를 조사하는 과정에서 1990년에 남해안 금오도 섬에 채집한 담수어류 표본을 확보하였다. 그 가운데 전장 5 cm의 기름종개와 같은 반문을 가진 표본은 무슨 종인지 확인을 못하고 있었다. 저자는 이번 조사가 이 문제를 해결하기에 좋은 기회라고 생각하였다.

저자와 일행은 해안에서 약 1 km 떨어진 금오도 남면 두모리의 작은 하천과 농수로에서 투망과 족대로 민물고기를 채집하던 중 붕어, 미꾸리, 뱀장어, 은어, 밀어, 자가사리와 함께 이전에 의문을 가졌던 소형 기름종개류 2개체 표본을 채집하였다. 머리와 미병부 그리고 체측반문의 모양은 참종개와 다르다고 생각하였으나 무슨 종인지 확인하지는 못하였다.

우리 일행은 다시 상류 수역에 자갈이 깔린 옅은 바닥에서 마찬가지로 몸길이 5 cm 정도의 미확인 표본 10개체를 채집하였다. 가슴지느러미 모양으로 암수를 구분하려고 하였으나 가슴지느러미 기부에 골질반이 보이지 않아서 아마도 모두 암컷이거나 어린 개체라고 생각하면서 표본을 연구실로 가져왔다.

전장 5 cm의 표본을 해부해보니 성숙한 알을 가진 암컷과 전형적인 정소를 가진 수컷이 섞여 있었다. 저자는 이 집단의 수컷은 이차 성징으로 나타나는 골질반을 가지지 않는다는 사실을 알고 기름종개와 참종개와는 계통이 다른 종이라고 간주하였다. 우리나라 미꾸리과 어류 가운데 수컷임에도 가슴지느러미 기부에 골질반이 없는 종은 낙동강에 사는 수수미꾸리(*Cobitis multifasciata*, 나중에 *Niwaella multifasciata*로 속명은 '변경')뿐인데 금오도 집단 역시 수수미꾸리와 유사한 미확인 종이라고 추정하였다.

저자는 금오도가 육지로부터 멀리 떨어져 있는데 왜 담수어류가 이곳에 사는가에 대하여 의문을 가졌다. 그리고 마지막 빙하기인 1만 년에서 1만 5천 년 전에는 해수면이 지금보다 훨씬 낮아져서, 한반도 남단의 육지 하천과 연결되어 흐르다가 그 이후 점차 해수면 상승으로 금오열도는 섬으로 고립되어, 담수어류가 살아왔다고 생각하였다.

이러한 가정이 옳다면 아마도 금오도와 인접한 다른 섬이나 내륙의 담수지역에도 금오도 집단과 같은 종이 분포할 가능성이 있다고 예상되었다. 따라서 저자는 대학원생들과 함께 금오도와 가까운 돌산도, 고흥반도와 남해도의 여러 하천에서 조사하였다. 그러던 중, 우리는 서남해안에 인접한 전라남도 고흥군 풍양면의 옅은 소하천에서 미확인 종 표본을 채집하였고, 그 후 인접한 해안 건너편에 있는 거금도의 작은 하천에서도 역시 동일한 미확인 종 집단 서식지를 발견하여 조사를 계속하였다(그림 5.11).

문제의 소형 미확인 종 집단 표본들은 수수미꾸리처럼 수컷 가슴지느러미 기부에 골질반은 없고, 아랫입술도 육질 흡반형이 아니며 미끈한 입술과 긴 수염이 있었다. 또한 체측 횡반문이 비교적 짧고 등지느러미와 꼬리지느러미에 갈색 반점을 지고 있어 기름종개속과 수수미꾸리와도 구별되었다. 따라서 금오도와 고흥 풍양면 및 거금도의 집단은 지금까지 알려지지 않은 새로운 종이라고 생각하면서 분류적인 조사를 계

그림 5.11 금오도 미확인 종과 채집 장소

속하였다.

수컷의 가슴지느러미 기부에는 암수 모두 골질반은 없고, 등지느러미 기점이 후방에 위치하며, 입수염은 길어서 안경의 2배였다. 그리고 미병부 상하에 육질돌기가 발달하여 일본산 '니와엘라*Niwaella*'속에 해당하지만, 우리나라 수수미꾸리와 일본산 표본*Niwaella delicata*과도 구별되어 니와엘라속에 해당하는 새로운 종으로 생각하였다. 저자는 우리나라의 수수미꾸리보다 횡반문 길이가 짧은 특징을 근거로 하여 학명을 '니와엘라 브레비파스키아타*Niwaella brevifasciata*'로 명명하고 국명은 소형의 수수미꾸리라는 의미로 '좀수수치'라 기재하여 <일본어류학회지> 42권 3

호에 발표하였다(Kim and Lee, 1995).

이후에 좀수수치는 등지느러미 연조 수 6개, 뒷지느러미 연조 수가 4개로 일본산 니와엘라속과도 잘 구별된다는 사실을 알게되었다. 따라서 1997년, 좀수수치와 수수미꾸리는 새로운 속인 '초이아*Choia*'로 발표하였다. 그러나 영국의 동물학 문헌목록을 발간하는 'Zoological Record(Z. R.)'의 책임 프로듀서인 페이지John Page 박사로부터 1999년 3월 1일, '*Choia*' 속명은 1920년에 해면동물 이름에 이미 보고된 명칭이기 때문에, 이종동명homonymy이라는 사실을 저자에 편지로 알려주었다. 그래서 저자는 박종영 교수, 날반트 박사와 함께 새로운 속명인 '기철초이아*Kichulchoia*'로 속명을 개정하여 1999년, 루마니아 자연사박물관 논문집 <Grigore Antipa 41. 1999>에 발표하였다(Kim *et al.*, 1997, 1999).

좀수수치는 전장 5 cm의 소형 어류로 몸은 길고 옆으로 납작하며 머리, 눈 아래쪽에는 갈색의 작은 반점이 산재한다. 등지느러미 연조수 6개, 뒷지느러미 연조 수 4개, 새파 수는 12~14개이며, 입가에 3쌍의 긴 수염이 있고, 아랫입술은 중앙이 갈라져 2개의 구엽이 나타난다. 미병부는 매우 짧으며 등 쪽과 배 쪽에 융기연이 현저하다. 외형적으로 성적이형性的二型, sex dimorphism이 나타나지 않고 수컷 가슴지느러미에는 골질반이 없다.

좀수수치는 수심이 얕고 유속이 약간 빠른 작은 하천의 자갈 바닥에 살면서 수서곤충의 유충을 먹고 살며, 산란기는 4~5월로 추정된다. 전라남도 여천군의 금오도와 전라남도 고흥반도와 인접한 거금도의 제한된 지역에 아주 희소하게 분포하고, 학술적으로 매우 중요하기 때문에 환경부에서는 멸종위기 야생동식물로 지정하였다.

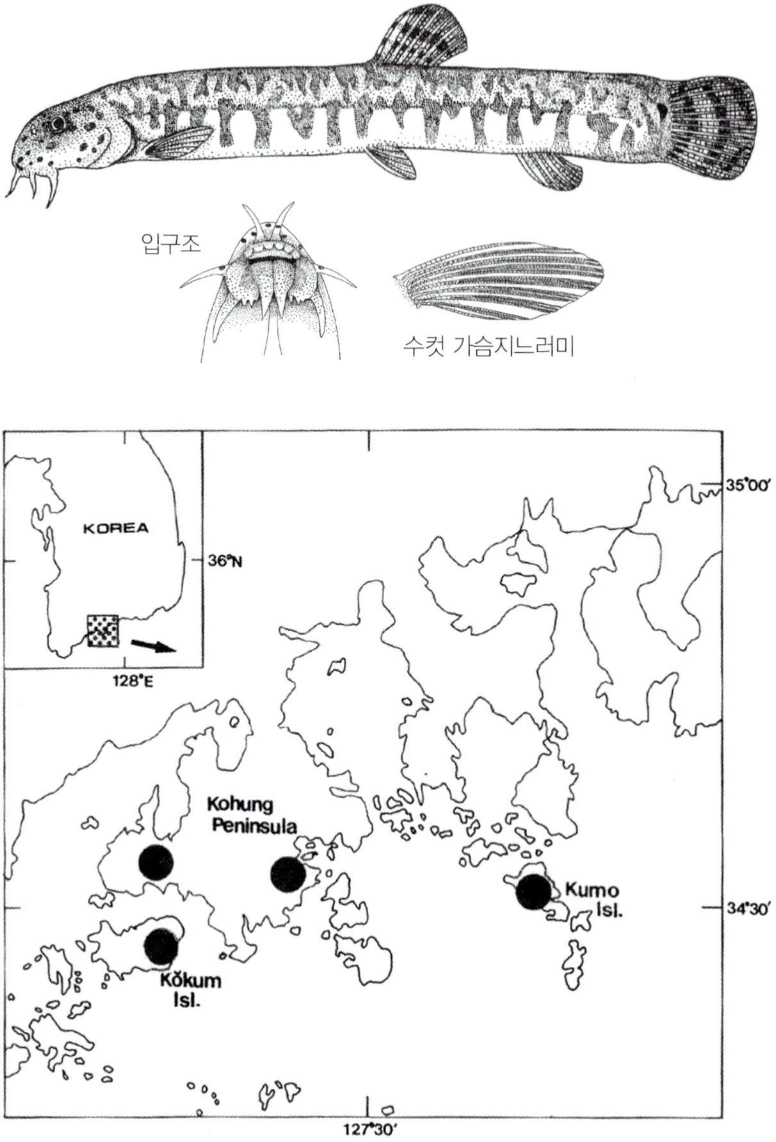

그림 5.12 좀수수치와 좀수수치의 분포도

전라남도 고흥군 금산면 거금도는 우리나라에서 열 번째로 큰 섬으로 조선 시대에는 이 섬에서 큰 금맥이 발견되어 거금도居金島라는 이름이 붙여졌다고 한다. 거금도는 자연과 산림이 잘 보존되어 해발 592 m 적대봉에서 흘러나온 물줄기가 신평천까지 이어져 내려와 좀수수치 집단이 잘 보존되어 있었다. 2011년 12월, 거금도와 소록도가 연결되는 거금대교가 개통되고 주민과 관광객의 왕래가 빈번해지면서 환경부에서는 좀수수치를 멸종위기종으로 지정하여 보호하고 있다.

6장

한반도 미꾸리과 어류의 생물다양성 연구

날반트 박사의 방문과 공동연구

1993년 루마니아의 날반트Teodor Nalbant 박사는 저자가 이전에 신종으로 발표한 참종개, 왕종개, 부안종개, 미호종개를 새로운 속 '익수키미아*Iksookimia*'로 발표한 논문을 저자에게 보내왔다. 그리고 이 속에 저자가 1974년 기름종개의 횡반B형으로 보고한 영산강과 탐진강의 표본을 신종 '익수키미아 휴고볼펠디*Iksookimia hugowolfeldi*'로 명명하여 발표하였다 (Nalbant, 1993).

참종개속genus *Iksookimia*은 몸이 길고 통통하며 구엽이 잘 발달하여 아랫입술보다 길고 뾰족하다. 안하극suborbital spine은 작고 그 말단의 작은 가시는 큰 가시 길이의 반보다 짧다. 성적이형으로 나타나는 수컷 가슴지느러미 제1기조는 길고 뾰족하며, 체측 4개의 감베타 반문Gambetta's zones이 없는 대신 갈색 횡반문은 일렬로 배열하여 기름종개속*Cobitis*과 구별된다고 하였다(그림 6.1).

저자는 신속이 기재된 논문을 보고 저자의 이름이 속명으로 제정되

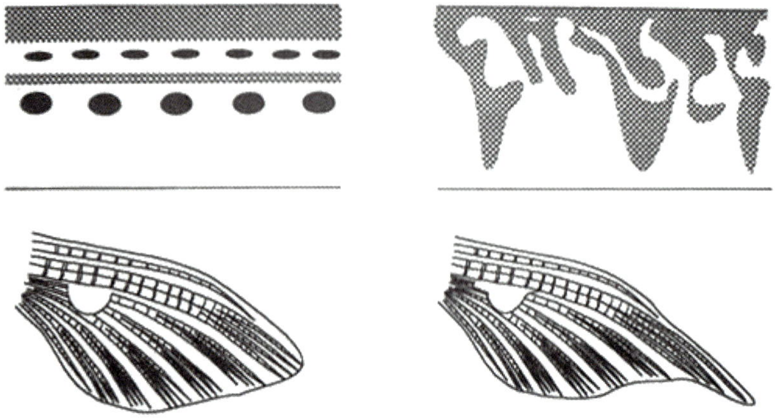

그림 6.1 기름종개속의 감베타 반문과 참종개속의 횡반문 및 수컷 가슴지느러미의 비교

어 당황스러우면서 기쁜 마음으로 날반트 박사에게 루마니아 방문을 요청하는 뜻을 전하였고, 이내 환영한다는 회신을 받아 루마니아로 출국할 준비를 하였다. 1년 후, 1995년 7월 26일에 김포공항을 출발하여 스위스 취리히를 경유하고 타롬Tarom 항공기로 루마니아의 수도인 부쿠레슈티의 오토페니 공항에서 날반트 박사를 만났다. 서신으로는 자주 연락하였지만 20년 만에 처음으로 만난 저자에게 날반트 박사는 "나의 옛 친구my old friend"고 말하며 반갑게 맞이하여 주었다. 날반트 박사는 루마니아 학술원 중앙생물학연구소 분류진화연구실과 루마니아 자연사박물관에서 연구하면서 전 세계 어류의 85개 새로운 분류군을 기재하고 발표하는 큰 업적을 남겼다.

날반트 박사의 연구실에는 오래된 광학현미경과 기본적인 장비만 있었다. 연구소에서 체류하는 동안 날반트 박사는 잉어과와 미꾸리과 어류의 계통에 관한 연구내용을 친절하게 소개하고, 한국의 참종개속의

그림 6.2 날반트 박사와 한국 방문 시 저자, 날반트 박사, 김병직 박사

특징에 관한 소감도 전해주었다. 그리고 루마니아 자연사박물관의 전시와 연구내용, 그리고 역사도 자세하게 소개하여 주었다. 10일간의 방문을 마치고 귀국하는 날, 날반트 박사가 저자에게 한국의 미꾸리과 어류 서식지의 표본을 보고 싶다고 청하여, 저자 또한 날반트 박사의 한국 초청을 약속하며 기쁜 마음으로 귀국하였다.

연구실로 돌아와 대학원생들에게 루마니아를 방문한 소감을 전하면서, 당시에 수행 중이던 한국 미꾸리과 연구과제와 관련한 공동연구를 계획하여, 날반트 박사에게 초청장을 보내었다. 루마니아 방문 후 1년이 지난 1996년 7월 1일, 김포공항에서 날반트 박사를 다시 만났다. 날반트 박사는 이번 여정이 처음으로 동양을 방문한 경험이라 더욱 기쁘고 의미가 있다고 말하였다. 공항에서 돌아오는 도중 서울에서 최기철 박사를 만나 담수어류 연구 관심사에 대하여 의견을 나누고 추후의 일정을 준비하였다.

저자는 전북대학교 연구실에서 날반트 박사에게 그동안 조사하였던 미꾸리과 어류 가운데 문제가 되었던 분류군에 대한 의견을 듣고, 연구실 대학원생들의 연구내용 소개와 날반트 박사의 담수어류 계통진화에 관한 강의 시간을 가졌다.

그 후 5박 6일 일정으로 대학원생들과 함께 만경강(점줄종개, 참종개, 감돌고기), 부안 백천(부안종개), 섬진강(왕종개, 줄종개). 무주남대천(참종개), 미호천(미호종개, 참종개, 점줄종개), 남한강(참종개, 새코미꾸리), 강릉 남대천(북방종개)에서 미꾸리과 어류를 중심으로 어류를 채집하고 서식지를 확인하면서 공동조사도 하였다. 강릉 남대천에서는 조사를 마치고 강릉 해안가를 산책하다가 날반트 박사는 바닷물에 들어가 "나는 태평양에 처음으로 몸을 담구었다"하며 기뻐하였다. 나중에 강릉 남대천 북방종개의 신종 학명을 "익수키미아 파시피카*Iksookimia pacifica*"라 명명하였는데 후에 이 학명을 볼 때마다 날반트 박사의 열정적인 연구자의 모습이 떠오른다.

날반트 박사는 한국 방문을 마치고 귀국한 후 '한국은 미꾸리과 어류의 파라다이스paradise'라는 인상을 받았다고 전해왔다. 날반트 박사는 한국 방문 후, 한국의 새코미꾸리*Cobitis rotundicaudata*를 새로운 속인 새코미꾸리속*Koreocobitis*으로, 그리고 좀수수치*Niwaella brevifasciata*를 새로운 속인 좀수수치 속(*Choia*, 나중에 *Kichulchoia*로 명명)으로 기재하여 저자와 공동으로 발표하였다(Kim *et al.*, 1997; 1999).

기름종개속 어류 국제학술회의 참가 발표

저자는 1999년 5월 31일부터 6월 3일까지 체코의 브루노Brno에 있는 체코학술원 척추동물동물학연구소에서 개최된 제1회 기름종개속과 유연속 어류에 관한 국제학술회의에 참석하였다. 유럽의 심장이라고 알려진 체코 프라하에서 버스를 이용하여 체코 제2의 도시인 브루노Brno에 도착하였다. 브루노시는 멘델이 완두콩 실험으로 유전법칙을 발표한 어거스틴 수도원Augustinian monastery이 있다.

5월 31일 아침, 척추동물연구소에서 먼저 도착한 날반트 박사를 기쁘게 만났다. 학술회의 주제인 기름종개*Cobitis*속과 유연속 어류는 유라시아 담수 하천에 분포하는 저서성 소형 어류로 그동안은 잘 알려지지 않

그림 6.3 체코 브르노의 기름종개속 국제학술회의 참가자 사진(1999. 5. 31.)

았지만, 분류군의 다양성 연구가 활발해지면서 기름종개속 어류는 어류 진화의 연구에 관한 분류군으로 주목을 받았다.

이번 발표에는 20여 국가에서 50여 명이 참가하여 41편의 논문이 발표되었다. 국내에서는 저자 혼자 참석하였으며 일본에서는 5명이 참석하였다. 기조 강연에서 날반트 박사는 '미꾸리과 어류의 계통분류와 진화 문제'를 발표하였고, 러시아의 바실레파Vasileva 박사는 '기름종개속의 자매종sibling species'을 발표하였다. 저자는 그동안 연구하였던 '2배체와 3배체 단성unisexual 복합집단 기름종개속 어류의 생식양상'과 '한국의 참종개속genus *Iksookimia* 어류 분류와 분포'에 관하여 발표하였다.

회의 기간 중 하루는 참가자들이 모두 어거스틴 수도원 박물관에서 멘델의 연구내용을 전시한 기념관을 둘러보았다. 또한 관광버스로 모라

그림 6.4 Folia Zoologica 학회지 표지와 체코 브르노 어거스틴 수도원 멘델 동상 앞 저자

비아Moravia에 있는 디예Dyje강에서 어류 채집 설명회를 하고, 친교를 나누다가 숙소로 돌아왔다.

제2회 국제학술회의는 2002년 9월 9일에서 9월 13일까지 폴란드 북부에 있는 올시틴Olsztyn의 바르미아 마주리Warmia and Mazury 대학에서 개최되었다. 13개 나라에서 60여 명이 참석하였는데 국내에서는 저자와 손영목 교수, 전북대 박종영 교수가 참석하여 발표하였다. 9월 11일에는 참가자 전원이 버스에 동승하여 관광지인 말보크 성Malbok Castle을 방문하여 폴란드의 전통문화와 종교, 역사의 흔적을 둘러보았다. 제3차 학술회의는 2006년에 크로아티아에서, 제4차 학술회의는 2010년에 체코 프라하에서 개최되었다.

낙동강 기름종개-왕종개 암컷 잡종집단의 단성생식모델

1999년 5월 31일, 체코 브르노 학회에서 발표한 논문은 척추동물학 연구소에서 정기 발간하는 2000년 "Folia Zoologica" 49(Suppl.)호에 'Hybridization experiment of diploid-triploid cobitid fishes, *Cobitis sinensis-longicorpus* complex(Pisces: Cobitidae)'라는 제목으로 게재되었다.

저자는 기름종개속 어류의 연구를 하던 중, 낙동강 수계에서 기름종개와 왕종개가 사는 일부 수역에서 기름종개와 왕종개 사이에서 생긴 잡종집단의 단성생식 방법이 매우 특이하다고 여겨서 이를 연구하였다.

보통 종간 잡종은 일반적으로 매우 희소하게 출현하고 잡종 제2세대 이후는 나타나지 않거나 기형이 나타난다. 낙동강의 모래가 있는 수역에서는 흔히 기름종개*Cobitis hankugensis*가 살고, 자갈이 많은 여울에서는 왕종개*Iksookimia longicorpa*가 출현하는데, 여울과 소가 반복되는 일부 수역에는 기름종개(2n 염색체 48개), 왕종개(2n 염색체 50개), 기름종개-왕종개 암컷 잡종(염색체 49개, 73개, 74개)이 함께 서식하였다. 이후 실험실에서 교잡실험을 통하여 잡종 암컷 2배체와 수컷 2배체의 기름종개 혹은 왕종개와 교잡시키면 자손은 모두 3배체 암컷 잡종집단이 생기고, 또한 암컷 잡종 3배체와 수컷의 2배체인 기름종개 혹은 왕종개를 교잡시키면 2배체의 암컷 잡종 자손이 나온다는 사실을 알게 되었다. 1992년에 이지현 박사는 그의 학위 논문인 '한국산 기름종개속 어류의 단성집단의 계통에 관한 연구'를 발표하고, 1995년에 이은희 박사는 '기름종개속 어류 *Cobiits sinensis-longicorpus* complex의 교잡실험을 통한 단성생식 양상에 관한 연구'를 발표하였는데, 체코에서 개최한 제1회 기름종개속 어류 국제학술회의에서는 교잡실험을 통한 생식 기작 내용을 이은희 박사와 공동으로 발표하였다. 당시 기름종개의 학명은 '*Cobitis sinensis*'라 하였으나, 2003년에 '*Cobitis hankugensis*'로 변경하여 사용하였다. 이러한 현상은 일반적인 양성생식 기작과 달라 관심을 끌었다.

반문형과 성비와 핵형의 특징

낙동강의 남강 지류에서는 기름종개와 왕종개 그리고 기름종개-왕종개 암컷 잡종집단*C. hankugensis-I. longicorpa* complex이 나타나고 있었는데, 그들의 체측반문 모양은 그림 6.5와 같이 잘 구별되었다. 기름종개는 4

감베타 반문이 있었고, 왕종개도 전형적인 횡반문에 제1과 제2의 횡반문에 진한 흑갈색 반점이 있었다. 하지만 암컷 잡종집단의 체측 상반부에는 작고 가느다란 갈색 반점 산재하거나 길게 배열하고, 4번째 감베타 반문은 타원형의 갈색 반점이 배열하며 미병부에 짧은 횡반이 있었다. 수컷은 아주 희소하게 출현하였으나 생식능력은 없었다.

그림 6.5 기름종개(①, ②), 기름종개-왕종개 잡종(③, ④), 왕종개(⑤, ⑥)

표 6.1 지리산 남강 수계(낙동강) 하천에서 채집한 기름종개, 왕종개, 기름종개-왕종개 잡종의 출현 성비

조사하천	기름종개		기름종개-왕종개 잡종		왕종개	
	암컷	수컷	암컷	수컷	암컷	수컷
임천강	197	182	497	15	259	184
남강	9	12	10	–	–	–
황강	35	18	6	–	–	–
천도강	–	2	18	–	–	–
경호강	15	11	–	–	–	–
덕천강	13	7	7	3	9	4
계	259	222	538	18	268	188
성비	1 : 0.86		1 : 0.03		1 : 0.85	

표 6.1은 1992년 4월부터 1994년 10월까지 낙동강 11개 지류에서 기름종개, 왕종개, 기름종개-왕종개 잡종집단의 가슴지느러미 기부에 이차 성징으로 나타나는 골질반의 유무를 근거로 한 암수 성비를 조사한 결과이다. 기름종개의 성비는 1:0.86이고, 왕종개의 성비는 1: 0.85로 암컷이 수컷보다 약간 많았다. 이에 비하여 잡종집단의 성비는 1:0.03으로 대부분 암컷이었고, 아주 희소하게 출현하는 수컷의 정소조직은 비정상적으로 정소 내 공간이 많고 정자 수가 매우 희소하였다. 더군다나 정자 머리가 기름종개나 왕종개보다 2배 이상 크고 꼬리에 편모 9+2 구조가 형성되지 않아 생식능력이 없는 것으로 확인되었다.

염색체 수의 비교

조사 기간동안 채집된 기름종개, 왕종개 및 기름종개-왕종개 잡종집단의 염색체 수와 핵형karyotype을 조사하고 분석한 결과, 기름종개

표 6.2 기름종개(HH), 왕종개(LL), 기름종개-왕종개 잡종(HL, HHL, HLL)의 교잡실험에서 얻은 자손의 염색체 수

교잡실험		조사표본 수	염색체 수
암컷	수컷		
기름종개(HH)	왕종개(LL)	20	49(HL)
왕종개(LL)	기름종개(HH)	16	49(HL)
잡종(HL)	기름종개(HH)	15	73(HHL)
잡종(HL)	왕종개(LL)	11	74(HLL)
잡종(HHL)	기름종개(HH)	16	49(LH)
잡종(HLL)	왕종개(LL)	13	49(HL)

는 2n=48개, 왕종개는 2n=50개, 기름종개-왕종개 잡종집단은 2n=49개, 3n=73개 혹은 74개이었다(표 6.2).

암컷 2배체 혹은 3배채 잡종집단과 수컷 2배체의 기름종개 혹은 왕종개와 교잡실험

이러한 반문형과 핵형의 특징은 매우 흥미로워서 기원을 찾기 위해 가설을 세우고 검증실험을 하였다. 1992년 4월부터 1993년 10월까지 전라북도 남원군 인월면 낙동강 남강 상류에서 기름종개와 왕종개의 수컷과 기름종개-왕종개 잡종집단 2배체와 3배체 암컷을 채집하였다. 그리고는 실험실에서 이러한 특징이 교잡에 어떻게 반영되는지 표 6.2와 같이 실험을 하여 자손의 체측반문과 염색체 수를 조사하였다.

암컷 2배체의 잡종집단과 수컷의 기름종개 혹은 수컷 왕종개를 교배한 결과, 자손은 모두 3배체의 암컷 잡종으로 반문형은 수컷의 반문형

질을 보였다. 그리고 암컷 3배체의 잡종집단과 수컷의 기름종개 혹은 수컷의 왕종개를 교배하여 생긴 자손은 모두 2배체의 잡종 반문을 가지면서도 역시 수컷 반문형을 띠고 있어서, 수컷 유전형질이 자손에게 전달되고 있다는 사실을 알게 되었다.

이처럼 암컷의 2배체 잡종집단(HL)과 2배체 수컷의 기름종개(HH) 혹은 수컷 왕종개(LL)와 교배하였을 때, 3배체의 암컷 잡종집단이 나타났다는 사실은 1차 감수분열 과정이 생략된 상태의 2n 알(HL)이 반수체인 정자(H 혹은 L)와 결합하여 암컷 3배체 잡종집단(HHL 혹은 HLL)이 만들어진 것으로 생각이 된다. 이러한 과정은 실제 자성생식gynogenesis을 하는 '포에시리아 포모사*Poecilia formosa*'에서 보고되었다(Monaco *et al*., 1982; Dawley, 1989).

한편, 암컷의 3배체 잡종집단(HHL 혹은 HLL)은 수컷 기름종개(HH) 혹은 왕종개(LL)와 교배시켰을 때 2배체의 암컷 잡종(HL)이 나타났다. 이 결과는 3배체 암컷(HHL 혹은 HLL)이 제1감수분렬과정에서 외부에서 들어온 짝이 없는 게놈(H 혹은 L)이 먼저 제거되고, 제2감분열과정에서 정자는 알에 자극만 주고 핵은 주입됨 없이 2n 알diploid egg을 발생하여 2배체 자손(HL)이 태어난 것으로 추정된다. 이러한 과정 역시 '폭시누스 에오스-네오가에우스*Phoxinus eos-neogaeus*'가 암컷 잡종집단의 사례에서 보고된 바 있다(Goddard and Schultz, 1993).

이와 같은 교잡실험 결과를 근거하여 모두 암컷인 기름종개-왕종개 잡종집단의 생식모델은 그림 6.6과 같이 추정되어 제시되었는데 이것은 일반적인 양성생식과 다른 진기한 자성생식이 관련되었기 때문이라고 생각한다.

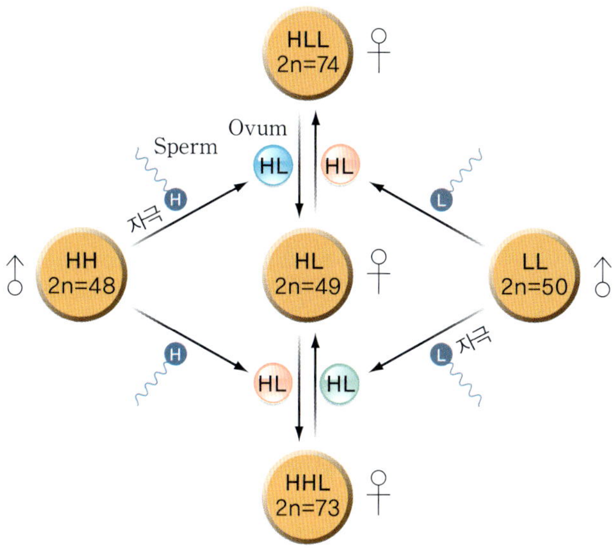

그림 6.6 암컷 잡종(2배체 혹은 3배체)와 수컷 기름종개 혹은 왕종개의 교배 생식 모드

지리적 변이 연구와 5 신종 발표

1981년, 섬진강에 분포하는 횡반C형 집단을 신종 왕종개로 기재 및 발표한 이후 저자는 1981년에 영산강의 횡반B형과 섬진강, 낙동강 그리고 인접 하천에 분포하는 왕종개의 장성, 장흥, 진안, 승주, 고흥, 남해, 거제, 울주의 8개 집단에 관한 조사를 하였다. 그 결과 체측반문, 골질반, 계수계측치에 대한 지리적 변이를 보고하면서 계수계측치 및 골질반의 모양이 지리적으로 약간씩 차이가 있는 점은 알았지만 분류적으로는 특별히 구분할 수 없었다(김익수, 1981).

이후 인하대학교 유전학교실에서도 동해안으로 흐르는 왕종개의 송천, 죽산, 경주, 울주의 4개 집단과 남해안의 거제, 사천, 죽천, 남해, 하동, 승주, 정읍, 해남의 8개 집단에서 골질반, 체측반문, 형태분석, 전기영동법에 관한 조사를 하였다. 그 결과 수컷 가슴지느러미의 기부에 있는 골질반은 동해집단과 남해집단에서 아종 수준의 차이를 보였지만, 유전적 변이는 유사하다고 보고하였다(김종범, 김재흡, 양서영, 1991; 박병상, 김재흡, 양서영, 1991).

동방종개 *Iksookimia yongdokensis* Kim and Park, 1997

1997년, 저자와 박종영 교수는 왕종개 집단에 대한 집중적인 재조사를 하였다. 경상북도 동해안으로 유입하는 형산강, 영덕오십천, 죽산천, 송천에서 채집한 왕종개 표본은 아가미뚜껑의 뒤쪽 첫 번째 횡반에 흑색 반점이 없고, 수컷의 골질반은 비교적 축소되어 왕종개의 골질반보다 작았다. 또한 비늘의 초점부는 축소되고 새파 수는 13~14개(왕종개는 15~17개), 미추골수는 17~20개(왕종개는 21~24개)였으며, 가슴지느러미와 뒷지느러미 사이의 거리 및 체장의 백분비와 양안의 간격 폭, 두장과 미병고와 미병장의 백분비가 왕종개의 여러 집단과는 잘 구별되었다. 이러한 형질을 근거로 하여 채집한 왕종개 표본을 신종 '익수키미아 영덕엔시스*Iksookimia yongdokensis*'로 명명하였고, 이를 <일본어류학회지> 44권 3호에 기재 및 발표하면서 국명은 '동방종개'라 하였다(Kim and Park, 1997). 그 후 염색체 조사에서 동방종개는 2n 염색체 수가 100개였는데, 50개의 염색체를 가진 왕종개의 염색체 배수화로 분화된 종이라고 생각

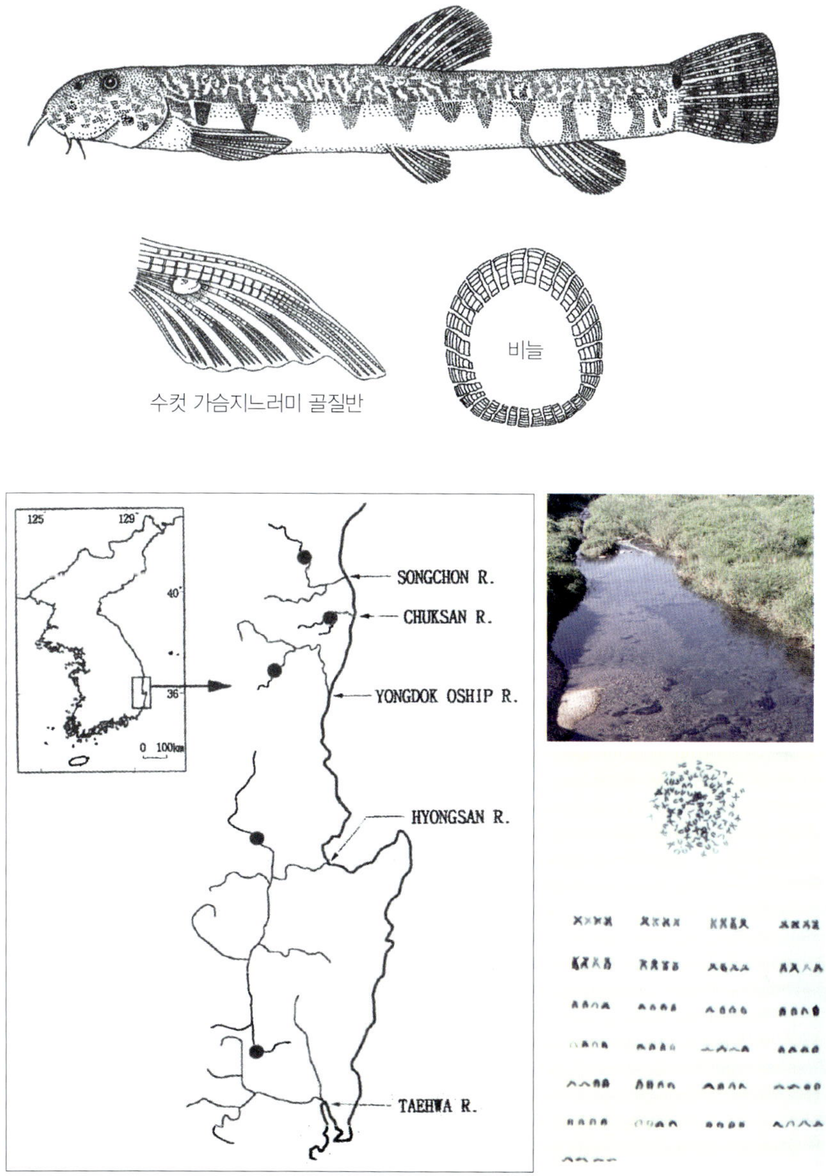

그림 6.7 동방종개와 동방종개의 분포도와 서식지 및 염색체 핵형

한다(김소영, 박종영, 김익수, 1999).

북방종개 *Iksookimia pacifica* Kim, Park, and Nalbant, 1999

1974년, 강릉남대천에서 처음으로 채집된 기름종개 표본은 점열형 변이로 구분하였다(김익수, 1974). 그러나 분류적 식별 형질인 체측반문과 수컷 가슴지느러미, 그리고 골질반 및 비늘의 구조를 계수계측치로 검토한 결과, 몸은 비교적 가늘고 비늘은 둥글며 소형이면서 초점부가 컸다. 또한 체측에 있는 9~13개의 갈색 반문은 말굽 혹은 역삼각 모양이었고, 미병고와 미병장 및 두장의 계측치의 식별 형질이 시베리아의 *Cobitis granoei*의 기재와 일치하여, 1980년에 한국 미기록종으로 보고하고 국명으로는 '북방종개'라 하였다(Kim, 1980).

하지만 날반트 박사는 *Cobitis granoei*의 학명은 *C. melanoeuca*의 신참동종이명junior synonym임을 구별하여 이 학명을 사용하였다(김익수, 1997). 그런데 1999년에 북방종개의 표본은 러시아의 *Cobitis melanoleuca*의 표본과 체측반문의 모양이 다르고 미병고가 낮으며 두장비는 크고 체측반점이 분화된 횡반형으로 확인이 되었고, 그 결과 신종 '코비티스 페시피카*Cobitis pacipica*로 기재 및 발표하였다(Kim *et al.*, 1999). 북방종개의 종명 'pacifica'는 분포하는 하천이 한국 동해의 태평양 연안으로 유입하는 하천에 분포한다는 데서 유래하였다. 그 후 한국 미꾸리과 어류의 외부 형질과 분자계통 관계를 논의하였고, 체측반문이 전형적인 김베타 반문형이 아니고 횡반이 현저하게 축소한 모양인 'U자' 혹은 'V자' 반문형이라는 것을 확인할 수 있었다. 따라서 북방종개

그림 6.8 북방송개와 북방종개의 분포도 및 서식처

의 속명을 *Cobitis*속에서 *Iksookimia*속으로 전속하여 발표하였다(Kim, 2009).

북방종개는 우리나라 동북부의 하천에서 수심이 20~50 cm, 유속은 23~56 cm/sec인 자갈과 모래가 혼합된 저서부 여울에서 살아간다. 주로 수서곤충의 유충인 하루살이목과 파리목을 섭식하는데, 수온이 25~27℃인 6~8월에 만 2년생 전장 60~90 mm와 3년생 이상인 전장 90~110 mm 이상인 암컷이 산란하며 암컷 한 마리 평균 포란 수는 평균 809개이다(최준길, 변화근, 2009).

줄종개 *Cobitis tetralineata* Kim, Park, and Nalbant, 1999

섬진강의 모래에 사는 기름종개의 종대A형은 기름종개의 반문변이로 간주되다가 1980년, 저자는 종대A형 체측반문이 일본의 '*Cobitis taenia striata*'와 종대형 반문과 비슷하여 종대A형을 우리나라 기름종개의 미기록 아종으로 보고하고 국명은 '줄종개'라 명명하였다(Kim, 1980).

그 후 한국의 줄종개를 일본산 표본과 비교 및 검토한 결과, 일본산 표본이 미병부 기부의 위와 아래쪽에 2개의 흑색 작은 반점이 있는 것과는 달리, 한국산 표본은 위쪽에 하나의 흑색 반점이 있고 지리적 분포가 불연속적이었다. 또한 한국의 줄종개는 체측에 4개의 갈색 종대 줄무늬가 배열하고(일본산 줄종개 종대 줄무늬는 3개), 꼬리지느러미 기부 상단에 1개의 흑점을 가진 일본의 '*striata*'와는 구별되어 신종 '*Cobitis*

그림 6.9 줄종개와 줄종개의 분포도 및 서식처

tetralineata'로 기재하여 루마니아 자연사박물관 학술잡지 <Gregori Antipa> 39권에 발표하였다(Kim *et al.*, 1999).

한편, 일본의 기타가와北川忠生와 공동연구자는 일본산 '*striata*' 집단은 한국의 '*tetralineata*' 집단과 분자계통 비교연구에서 서로 다른 독립된 종이라고 보고하였다(Kitagawa *et al.*, 2005).

기름종개 *Cobitis hankugensis* Kim, Park, Son, and Nalbant, 2003

1905년, 미국의 어류학자 조던과 스탁Jordan and Starks은 한국의 어류 71종의 목록을 처음으로 발표하면서 미꾸리과 어류에 미꾸리*Misgurnus anguillicaudatus*와 기름종개*Cobitis taenia*의 2종을 기록하였다. 그 후 1913

그림 6.10 기름종개와 기름종개의 분포도 및 서식처

년에 조던과 메츠Jordan and Metz는 수원에서 채집한 기름종개의 학명을 '코비티스 시넨시스*Cobitis sinensis*'로 사용하였으나 1939년, 우치다內田惠太郎는 다시 '코비티스 타에니아*Cobitis taenia*'의 학명으로 변경하여 이후에 이 학명을 사용하였다(Mori, 1952; 정문기,1954: 1961: 1977).

김익수는 한국의 기름종개를 3개의 미기록 아종(*Cobitis taenia taenia, C. t, striata, C. t, lutheri*)으로 분류한 후, 한국의 기름종개*C. taenia*를 재검토하였다(김익수, 1980). 그 후 유럽산 기름종개는 안하극 말단이 안경eye diameter의 중앙을 초과하지만 한국, 중국 및 일본의 기름종개의 안하극 말단은 짧아서 안경 중앙에 미치지 못하므로 한국의 기름종개는 중국산 기름종개와 같이 '코비티스 타에니아*Cobitis taenia*'의 아종이 아닌 독립된 종valid species, '코비티스 시넨시스*C. sinensis*', '점줄종개*C. lutheri*', '줄종개*C. striata*'로 보고하였다(김익수와 이금영, 1988; 김익수, 1997).

그 후 손영목 교수는 프랑스 자연사박물관에 소장된 '*Cobitis sinensis*'의 모식표본을 검토 확인한 결과, 체측반문과 골질반 구조가 한국산 기름종개 표본과 다른 점을 확인하여(손영목과 김익수, 2002), 한국의 기름종개를 신종 '코비티스 한국엔시스*Cobitis hankugensis*'로 기재하여 2003년, 한국어류학회지에 발표하였다(Kim *et al*., 2003).

얼룩새코미꾸리 *Koreocobitis naktongensis* Kim, Park, and Nalbant 2000

1929년, 일본인 어류학자 와키야 그리고 모리Wakiya and Mori는 <조선박물학회지> 9호에 북한강 단양에서 채집한 표본을 새코미꾸리*Cobitis rotundicaudata*로 명명하여 발표하였다. 새코미꾸리는 체측에 감베타 반문이 없어서 기름종개속보다는 미꾸리속에 더 가까운 계통으로 추정되었지만(Nalbant, 1964), 이내 눈 밑에 안하극이 있음이 밝혀져 기름종개속으로 추정되었다. 그러나 체측에 감베타 반문이 없고 구엽과 비늘 구조의 형질이 잘 구별되어 신속 '코레오코비티스*Koreocobitis*'속으로 전속하였다(Kim *et al.*, 1999).

낙동강의 새코미꾸리 집단은 한강 집단과 달리 체측에 갈색의 얼룩반점이 산재하고, 수컷의 혼인색은 체측에 노란색을 띠며(새코미꾸리 수컷의 혼인색 연한 분홍색), 수컷 가슴지느러미 골질반 모양도 사각 모양(새코미꾸리는 반원 모양)으로 새코미꾸리와 잘 구별되었다. 따라서 이를 신종 '코레오코비티스 낙동엔시스*Koreocobitis naktongensis*'로 명명하고, 국명은 체측에 얼룩무늬를 지니고 있어 '얼룩새코미꾸리'로 명명하였다(그림 6.11).

그림 6.11 얼룩새코미꾸리와 얼룩새코미꾸리의 분포도 및 서식처

환경부에서는 2005년, 얼룩새코미꾸리 서식지 파괴로 인해 서식하는 개체 수가 격감하고 분포범위가 축소하여 2005년에 멸종위기 야생동식물 1급으로 지정하였다.

낙동강의 자호천에 사는 얼룩새코미꾸리는 하천 중상류의 돌과 자갈이 쌓여있고 수심 50~100 cm인 여울부에서 산다. 수서곤충 유충인 파리목의 깔따구류와 물가파리류 및 날도래목을 주로 섭식하는데, 만 2년생 이상으로 추정되는 전장 110 mm 이상의 개체들이 수온 17~20℃에 도달하는 5~6월에 산란 성기를 이룬다.

성숙한 암컷의 평균 포란 수는 평균 22,643개이고 함께 출현하는 참갈겨니, 돌고기, 긴몰개와 돌마자 등이 같이 보고되었다(홍양기, 양현, 방인철, 2011).

분자유전 연구로 제기된 분류 문제

저자는 한국의 기름종개속 어류를 연구하면서 외부 반문 형태와 수컷 가슴지느러미 기부에 있는 골질반, 비늘 모양, 핵형 및 지리적 분포와 서식처 등의 구별되는 특징을 검토하여 분류하였다. 2008년에 체코의 스레크토바Vendula Schlectova와 공동연구자들은 미토콘드리아의 cytochrome b 유전자와 핵유전자(RAG-1)를 사용하여 유럽과 동북아시아 미꾸리과 어류 16속의 분자계통학적 유연관계를 논의하였다. 그리고 8개의 속(*Cobitis, Iksookimia, Kichulchoia, Misgrunus, Koreocobitis, Niwaella, Paramisgnus, Sabanejewia*)의 유연관계를 그림 6.12와 같이 비교하고, 한반도의 기름종개속, 참종개속, 수수미꾸리속이 다계통군을 형성하고 있다는 문제점을 보고하면서, 그들의 분류군 한계는 검토 조정이 요구된다고 지적하였다(그림 6.12). 이러한 지적에 따라 저자는 핵유전자(RAG-

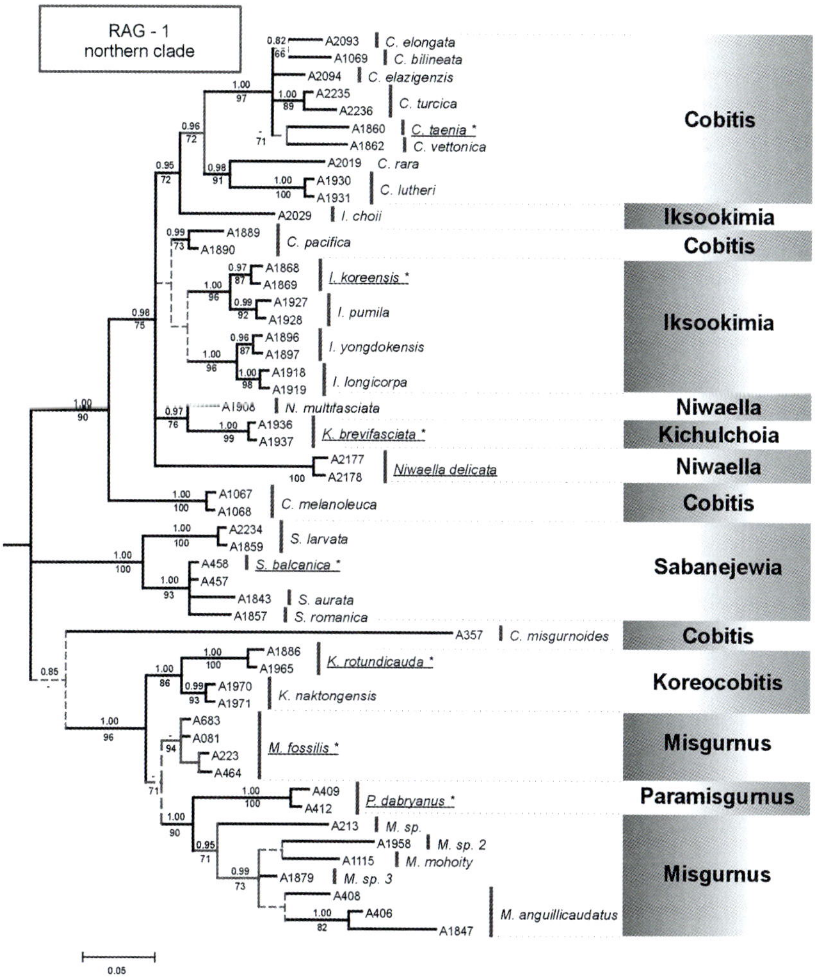

그림 6.12 핵유전자 (RAG-1) 데이터 분석을 통한 북방계Northern clade 미꾸리과 어류(Slechtova *et al*., 2008).

KOREAN JOURNAL OF ICHTHYOLOGY, Vol. 21 Supplement, 7-28, July 2009
ISSN: 1225-8598

Received : April 21, 2009
Revised : May 13, 2009
Accepted : June 24, 2009

A Review of the Spined Loaches, Family Cobitidae (Cypriniformes) in Korea

By Ik-Soo Kim

Institute for Biodiversity Research, Chonbuk National University, Jeonju 561-756, Korea

ABSTRACT The family Cobitidae of Korea was reviewed as 16 species in 5 genera with the key to species for the identification by the external features. The three genera of *Iksookimia*, *Koreocobitis*, and *Kichulchoia* erected from the genus *Cobitis* were reclassified based on the presence or absence of Gambetta's zones on the body sides, their body pigmentation, the shape of lamina circularis in males, the number of unbranched anal fin rays, and some molecular phylogenetic data. By the results of these reexamination, the generic names of the three species were changed as *Cobitis choii*, *Iksookimia pacifica*, and *Kichulchoia mutifasciata*. It was remarked biogeographically that most species of genera *Cobitis*, *Iksookimia*, *Koreocobitis*, and *Kichulchoia* show the disjunct distributions with bottom-dwelling preferences as endemic to Korean peninsular. Three species of *Cobitis choii*, *Kichulchoia brevifasciata*, and *Koreocobitis naktongensis* are considered to be critically endangered according to the severe habitat destruction and the alteration of river topography.

Key words : Spined loaches, Cobitidae, *Cobitis*, *Iksookimia*, *Kichulchoia*, *Koreocobitis*, *Misgrunus*, lamina

그림 6.13 2009년 발표논문 요지

1)의 분석 결과를 중심으로 한국의 미꾸리과 어류의 체측반문 배열 양상과 등지느러미와 뒷지느러미 기조 수 및 형태·형질 등을 재검토하였다(Kim, 2009).

미호종개*Iksookimia choii*는 1984년의 원기재에서 기름종개속으로 발표되었지만, 이후 참종개속*Iksookimia*으로 발표되어 전속 사용되었다. 그러다가 체측반문을 재검토하는 과정에서 참종개속 횡반문 형질보다는 점열형 감베타 반점 형질에 더 가깝다고 판단되어 다시 기름종개속으로 환원되었다.

북방종개*Cobitis pacifica*는 체측 중앙에 이어지는 반문이 세모 혹은 심장형인데 이러한 체측반점을 다시 검토한 결과, 체측 중앙의 갈색 반점은 후방으로 갈수록 횡반형이 축소된 V자형 혹은 U형 반점으로 확인되었다. 그 결과 북방종개는 기름종개속*Cobitis*에서 참종개속*Iksookimia*으로 변경되었다.

수수미꾸리*Cobitis multifasciata*는 수컷 가슴지느러미 기부에 골질반이 생기지 않고 등지느러미 기점이 후방에 있는 점을 근거하여 일본의 니와엘라속*Niwaella*으로 전속하였다. 그러나 검토하는 과정에서 등지느러미의 분기 기조는 6개이고 뒷지느러미의 분지 기조는 4개인 좀수수치와 일치하여 좀수수치속*Kichulchoia*으로 전속 발표하였다(Kim, 2009). 이와 같이 속의 위치를 변경하여 배열한 결과는 그림 6.12에서 지적한 다계통 문제점을 바로잡은 핵유전자(RAG-1) 분석 결과와 잘 일치하여 단계통으로 배열되었다.

권예슬 박사는 2015년, 한국 미꾸리과 어류의 5속 16종의 다수의 핵유전자 좌위로부터 계통관계를 분석하였고, 그 결과는 2009년에 저자가 재검토하여 발표한 5속(참종개속, 기름종개속, 미꾸리속, 새코미꾸리속, 좀수수치속)의 분류 체계와 일치하였다(Kwan, 2015).

한국의 점줄종개는 한국 고유종*Cobitis nalbanti*이었다

우리나라의 영산강과 탐진강을 비롯하여 서해안으로 흐르는 여러 하천 중하류의 모래가 있는 수역에 분포하는 소형 기름종개의 표본은, 렌달Rendahl, H.이 시베리아의 아무르강 유역에서 1935년에 처음으로 기재한 '코비티스 타에니아 루테리*Cobitis taenia lutheri*'로 동정되었다. 그리고 이는 한국에서 미기록된 아종으로 보고되어 국명은 '점줄종개'로 명명되었다(Kim, 1980).

전라북도 전주시의 만경강 삼천에서 분포하는 점줄종개는 산란기인 5~8월에 암컷과 수컷의 체측반문의 성적이형이 알려졌다(김익수와 정만택, 1988). 또한 탐진강에서 점줄종개의 불균형 성비와 생식소 조직조사를 통하여 자웅동체성hermaphroditism의 개체들을 확인하고 수컷이 성장하면서 암컷으로 성전환한다고 보고하였다(Kim and Park, 1992).

전라북도 정읍군 칠보면 산외리 동진강 상류 수역은 서해안으로 유입하는 하천이다. 1928년과 1965년, 이곳에 운암소수력발전소와 칠보수력발전소가 설치되었는데 이 때문에 섬진강이 동진강에 유입하게 되었다. 따라서 섬진강 줄종개*Cobitis tetralineata*가 동진강 상류에 있는 점줄종개*C. lutheri*와 만나 점줄종개와 줄종개의 잡종지대가 형성되었으며, 잡종개체의 출현빈도와 교잡집단의 유전자 분석 결과 역시 보고된 바 있다(김익수와 이완옥, 1984; 김재흡과 양서영, 1993; Kwan *et al.*, 2014).

한편, 시베리아의 아무르강 수계에 분포하는 '코비티스 루데리*Cobitis lutheri*'는 한국의 서해안으로 유입하는 하천에 분포하는 점줄종개와는 형태적으로 비슷하지만, 핵형이나 분자계통이 다르다는 보고가 있었다(Vasil'eva *et al.*, 2008; Perdices *et al.*, 2012). 그 후 바실레파와 공동연구자가 아무르강 수계의 코비티스 루데리와 한국의 한강 및 금강 수계에 서식하는 점줄종개의 표본을 비교하여 조사한 결과, 한국산 표본의 체측반문, 골질반, 양안간격, 수염 길이 및 눈의 직경 등이 아무르강 수계 표본과 눈에 띄게 구별되는 것을 확인할 수 있었다. 따라서 한국의 점줄종개를 신종 '코비티스 날반티*Cobitis nalbanti*'로 명명하였고 국명은 이전과 같이 '점줄종개'라고 발표하였다(Vasil'eva *et al.*, 2016). 학명의 종소명 '*nalbanti*'는 한국 미꾸리과 어류 연구에 기여한 날반트 박사의 이름을 따서 헌정되었고, 아무르강의 코비티스 루데리는 재기재하여 한국의 점줄종개*C. nalbanti*와 비교해서 논의하였다. 이 발표로 인하여 한국의 점줄종개는 한국 고유종이 되었다. 전연선은 한국 점줄종개 17개 개체군의

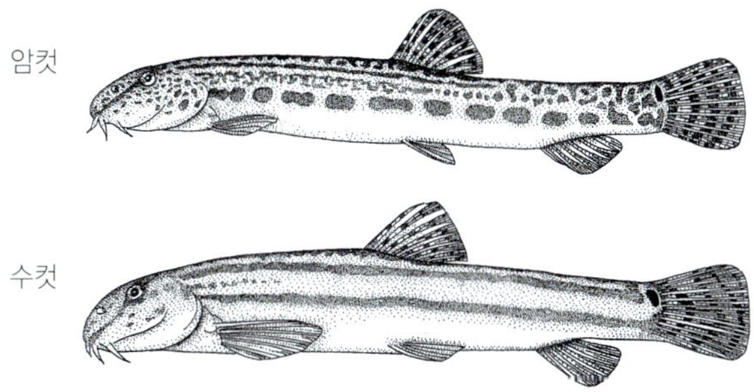

Zootaxa 4208 (6): 577–591
http://www.mapress.com/j/zt/

Article

ISSN 1175-5326 (print edition)
ZOOTAXA
ISSN 1175-5334 (online edition)

http://doi.org/10.11646/zootaxa.4208.6.5
http://zoobank.org/urn:lsid:zoobank.org:pub:7673BC3D-C44A-4E4B-83D9-83F6D37A103E

Cobitis nalbanti, a new species of spined loach from South Korea, and redescription of *Cobitis lutheri* (Teleostei: Cobitidae)

EKATERINA D. VASIL'EVA[1,4], DAEMIN KIM[2], VICTOR P. VASIL'EV[3], MYEONG-HUN KO[2] & YONG-JIN WON[2]

[1]*Zoological Museum, Moscow State University, Moscow, Russia*
[2]*Division of EcoScience, Ewha Womans University, Seoul, South Korea*
[3]*A.N. Severtsov Institute of Ecology and Evolution RAS, Moscow, Russia*
[4]*Corresponding author. E-mail: vas_katerina@mail.ru*

Abstract

Cobitis nalbanti, new species, is described from the South Korean Han and Geum Rivers, draining to the Yellow Sea. It differs from its congeners by having a wide, ovoid *lamina circularis*; rounded scales with a large, slightly-displaced focal zone; a relatively long, protruded snout; the suborbital spine not reaching the center of the eye; the mandibular barbel not reaching the anterior edge of the eye; usually 12–14 dark brown blotches in the fourth Gambetta's zone; a single elongated black spot on the upper part of the caudal-fin base; the only streak on the head running from the tip of the snout to the nape, across the eye; 2n=48–51 and NF=66. *Cobitis nalbanti* was previously identified as *C. lutheri*. Morphological analysis of *C. lutheri* shows that it is distinct in having a short obtuse snout, the suborbital spine reaching the center of the eye, the mandibular barbel reaching the anterior edge of the eye, usually less than 12 dark brown blotches in the fourth Gambetta's zone, two spots at the caudal-fin base, several dark streaks on the head, and 2n=50, NF=70. A lectotype is selected for *C. lutheri*. *Cobitis lutheri* has a wide distribution in the Amur River basin, several rivers flowing into the Sea of Japan (East Sea), and in the northern part of Sakhalin Island.

Key words: Actinopterygii, taxonomy, freshwater, Amur River, Primorye

그림 6.14 신종 점줄종개 암·수와 발표논문 요지

미토콘드리아 DNA 유전자, 5개의 핵 유전자 및 8개의 미이크로새틀리이트 좌위를 분석하여 4개의 클러스터로 구분되어 있음을 보고하였다(Jeon, 2017).

한반도 미꾸리과 어류의 분류와 종분화

미꾸리과Family Cobitidae 어류의 분류 목록

한국의 미꾸리과 어류는 미꾸리, 미꾸라지, 강종개(=부포미꾸라지), 기름종개, 새코미꾸리, 수수미꾸리의 2속 6종으로 분류되었다(Wakiya and Mori, 1929; 내전內田; 정문기, 1979). 하지만 저자와 공동연구자가 1975년 참종개를 신종으로 보고한 이후 왕종개, 부안종개, 미호종개, 동방종개, 좀수수치, 줄종개, 북방종개, 기름종개, 얼룩새코미꾸리를 신종으로 발표하였고, 체측반문과 2차성징인 수컷 가슴지느러미 골질반 생성 여부, 등지느러미와 뒷지느러미 기조수 등에 관한 식별 형질을 비교하여 속의 범위를 재조정하였다(Kim, 2009). 바실레파와 공동연구자(Vasil'eva *et al*, 2016)는 점줄종개를 한국 고유종 신종으로 발표하여 한국 미꾸리과 어류 5속 17종 목록은 다음과 같으며, 종에 관련된 사진과 주요 형태, 생태, 분포 및 특기 사항은 부록에 첨부한다.

미꾸리속	**Genus *Misgurnus***
미꾸리	*M. anguillicaudatus* (Cantor, 1842)
미꾸라지	*M. mizolepis* Günther, 1888

부포미꾸라지	*M. buphoensis* Kim and Park, 1995

새코미꾸리속	***Genus Koreocobitis***
새코미꾸리	*Koreocobitis rotundicaudata* (Wakiya and Mori, 1929)
얼룩새코미꾸리	*Koreocobitis naktongensis* Kim, Park and Nalbant, 1997

기름종개속	***Genus Cobitis***
미호종개	*Cobitis choii* Kim and Son, 1984
기름종개	*Cobitis hankugensis* Kim, Park, Son, and Nalbant, 2003
줄종개	*Cobitis tetralineata* Kim, Park and Nalbant, 1999
점줄종개	*Cobitis nalbanti* Vasi'eva, Kim, Vasil'ev, Ko, and Won, 2016

참종개속	**Genus *Iksookimia***
남방종개	*Iksookimia hugowolfeldi* Nalnant, 1993
참종개	*Iksookimia koreensis* (Kim, 1975)
왕종개	*Iksookimia longicorpa* (Kim. Choi, and Nalbant, 1976)
북방종개	*Iksookimia pacifica* (Kim, Park, and Nalbant, 1999)
부안종개	*Iksookimia pumila* (Kim and Lee, 1987)
동방종개	*Iksookimia yongdokensis* Kim and Park, 1997

좀수수치속	**Genus *Kichulchoia***
수수미꾸리	*Kichulchoia multifasciata* (Wakiya and Mori, 1929)
좀수수치	*Kichulchoia brevifasciata* (Kim and Lee, 1995)

미꾸리과 어류의 지리적 분단분포

한반도의 미꾸리속 어류 가운데 미꾸리와 미꾸라지는 한반도 전체 담수역과 중국 및 일본에 널리 분포하지만, 부포미꾸라지는 북한 두만강 하류의 웅기군 부포리에 제한 분포한다. 기름종개속의 기름종개는 낙동강 수역에 분포하고, 줄종개는 섬진강 수역에 분포하며, 점줄종개는 서해안으로 유입하는 한강과 금강에 분포한다. 그리고 미호종개는 금강 수역의 미호천과 인접수역에 제한 분포하며 점줄종개와 함께 출현한다. 미호종개는 최근 시베리아 아무르강과 그 인접수역에 분포한다는 사실이 보고되었지만, 동일종 혹은 자매종 여부를 검토하는 추후 표본 비교 조사가 요구된다고 생각한다. 기름종개, 줄종개, 점줄종개는 분포가 중복됨이 없이 서로 분리하여 분포한다(그림 6.15A).

참종개속 6종은 모두 한국 고유종으로 참종개는 서해안으로 흐르는 한강, 금강, 만경강, 동진강과 동해안으로 흐르는 삼척오십천 그리고 마읍천에 제한하여 분포하는데, 삼척오십천과 마읍천 분포는 강원도 정선군 남한강 상류의 하천쟁탈stream capture에 의한 2차적 분포이다(최기철, 1991).

참종개속의 부안종개는 전라북도 부안군의 독립 하천인 부안 백천에 제한 분포하고, 남방종개는 남한아지역의 영산강과 탐진강 수역과 인접한 도서 지역에 분포한다. 왕종개는 섬진강과 낙동강, 울산 태화강에 분포하고, 동방종개는 경상북도 동해안으로 유입하는 영덕오십천, 형산강, 축산천에 제한 분포한다. 북방종개는 동북한아지역인 강릉 남대천, 연곡천, 양양 남대천 및 간성북천에 분리하여 분포한다(그림 6.15B).

새코미꾸리속의 새코미꾸리는 한강과 임진강 수계에 분포하고, 얼룩

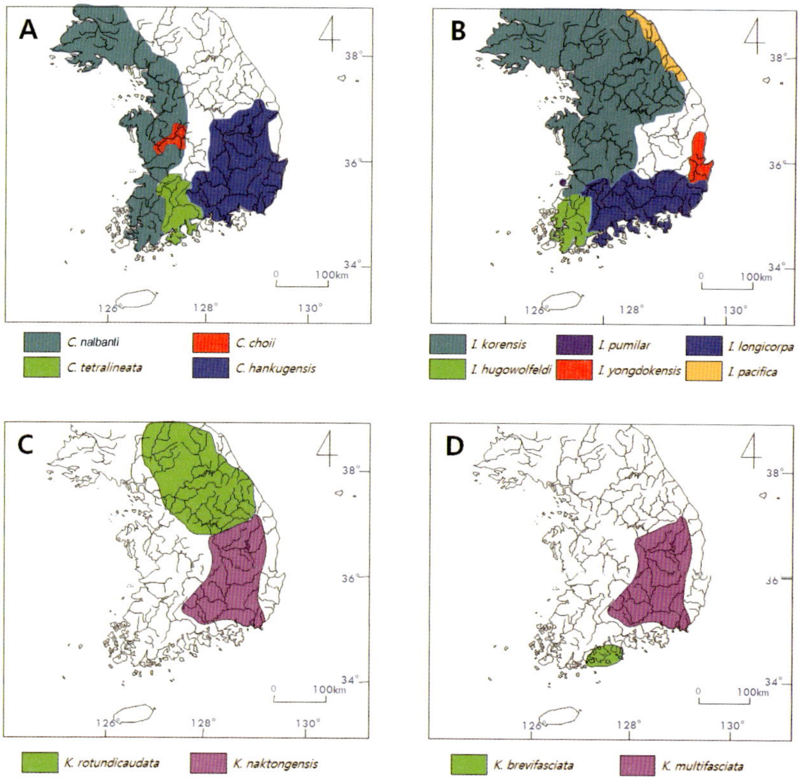

그림 6.15 기름종개속(A)과 참종개속(B), 새코미꾸리속(C), 좀수수치속(D) 어류의 지리학적 분단분포 양상

새코미꾸리는 낙동강 수역에 서로 분리하여 분포한다(그림 6.15C). 한편, 좀수수치속의 수수미꾸리는 낙동강 수역에 분포하고 좀수수치는 전라남도 서남해안 도서 지역인 금오도, 거금도 및 인접한 고흥군 풍양면의 담수역에 분포하는데, 이러한 사실은 이전에 이 지역이 하천으로 서로 연결되었었다는 점을 보여준다(그림 6.15D).

이상에 본 바와 같이 한국 미꾸리과 어류는 속내 종간에 지리적 분리분포하면서 분포범위가 서로 중복됨이 없이 분포하는 지리적 분단현상vicarism을 보여주고 있어 생물지리적 및 계통적으로 주목되었다(그림 6.15).

분화연대 추정과 이소적 종분화

권예슬 박사는 한국 미꾸리과 어류 16종의 분자계통 연구에서 미토콘드리아 유전자와 다수의 핵유전자 좌위 서열을 조사하여 분화연대와 계통도를 그림 6.16과 같이 추정하여 발표하였다(Kwan, 2015). 미꾸리과 어류는 중생대 중기인 2,211만 년 전, 공동 조상인 종개과 어류에서 분화하고 1,781만 년 전, 미호종개가 한반도에 출현한 후 1,300만 년 전에 미꾸리속에서 새코미꾸리속과 기름종개류(기름종개속, 참종개속, 좀수수치속)로 분포하였다. 그리고 600~170만 년 전, 고황하古黃河와 고아무르古Amur河가 한반도 여러 강으로 연결된 이후, 해수면 상승으로 선신세plicene와 홍적세pleistocene에 격리되면서 종분화가 시작된 것으로 추정하였다.

참종개속은 크게 3개의 무리로 갈라졌는데 994만 년 전, 동북한아지역의 북방종개가 가장 먼저 분화하고 450만 년 전, 경상북도 동해안으로 유입하는 수계에서 동방종개가 분화하였다. 그리고 158만 년 전, 낙동강과 섬진강 수계에서 왕종개가 분화하고 영산강 수계에서는 남방종개가 분화하였으며 284만 년 전, 참종개에서 부안종개가 지리적 격리로 분화되었다고 추정하된다. 그리고 606만 년 전 남한아지역인 낙동강의 수수미꾸리는 전라남도 남부 해안과 인접한 도서 지역의 하천에서 좀수수치가 분화되었다고 추정되었다.

일정한 지역에 사는 어느 한 종이 새로운 다른 종으로 형성되는 과정

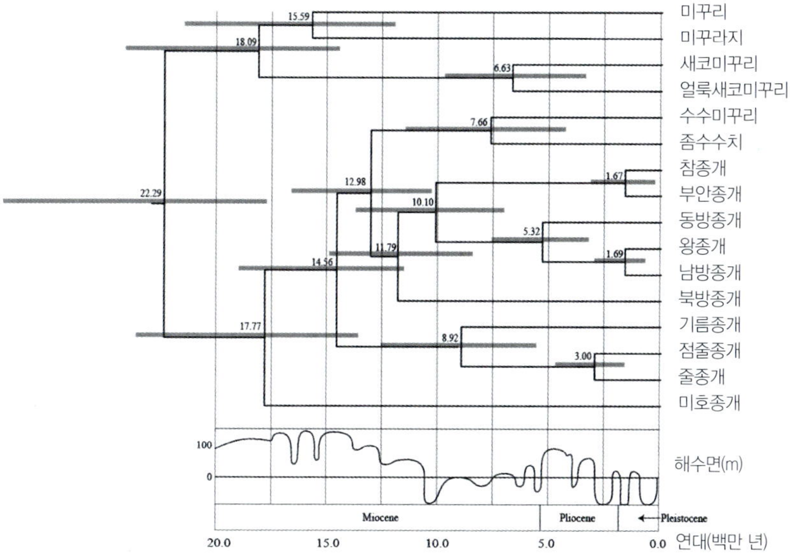

그림 6.16 한국 미꾸리과 어류의 계통과 분화연대 추정(Kwan, 2015)

을 종분화speciation라고 한다. 동물에서 가장 흔한 종분화는 이소적 종분화allopatric speciation로 한 종의 집단이 먼저 산맥이나 바다와 같은 물리적 혹은 지리적 장벽에 의하여 분리된 후, 오랜 기간에 걸쳐 생식적 격리가 일어나 생식력이 있는 자손을 만들지 못하고 결국 새로운 종이 생성되는 것이다. 대체로 빠른 속도로 번식하는 생물에서는 수백 년 안에 일어나기도 하지만, 천천히 번식하는 종의 경우에는 이 과정이 수만 년 혹은 수백 만년이 걸리기도 한다.

한편, 일정한 장소 안에서 함께 사는 개체들 가운데 유전적 돌연변이가 일어나거나 행동적 양상의 차이에 의하여 서로 교배가 불가능하게 되어 새로운 종이 나타나는 경우는 동소적 종분화sympatric speciation라고

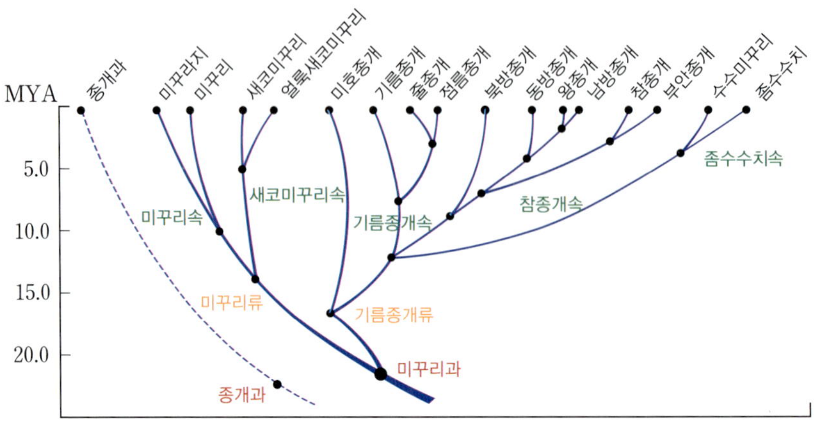

그림 6.17 한국 미꾸리과 어류의 계통 가상도

한다.

민물에 사는 물고기들은 항상 일정한 수역 안에 제한되어 살기 때문에 자유롭게 이동하는 새나 곤충과 달리 산맥이나 바다와 같은 지리적 장벽에 의하여 흔히 이소적 종분화가 이루어진다.

앞에서 살펴본 한국 미꾸리과 어류 가운데 우리나라의 참종개속, 기름종개속, 새코미꾸리속, 좀수수치속의 4속 15종은 고황하와 고아무르강의 조상종이 한반도에 유입된 이후, 선신세 후기로부터 홍적세에 이르는 시기(600만~170만 년)에 해수면 상승에 의한 격리와 백두대간의 태백-소백-노령산맥의 분수계의 지리적 장벽에 의하여 생식적 격리가 이루어져, 수백만 년에 걸친 자연선택 과정에서 그림 6.17과 같이 한국의 다양한 미꾸리과 어류의 고유한 속과 종이 형성되었다고 생각한다. 또한 미호종개의 계통에 관한 내용은 추후 조사 연구가 요구된다.

7장

생태적 위기에 처한 우리 물고기 살리기

지금은 제6의 멸종시대인가?

지구상에 모든 생물 개체는 부모로부터 태어나서 성장하다가 노쇠하여 결국 생애를 마치고 죽는다. 마찬가지로 생물의 종種도 그들의 공동 조상에서 만들어져 집단을 이루어 번성하다가, 환경에 적응하지 못하면 집단과 개체 수가 점점 감소하면서 완전히 사라져 멸종extinction에 이르게 된다.

멸종에는 자연멸종background extinction과 대멸종mass extinction이 있다. 자연멸종은 국지적인 환경조건이 점진적으로 변화하는 과정에서 적응하지 못하여, 그 지역에 사는 생물종들이나 집단의 개체 수가 점차 감소하다가 결국 그 종 자체가 사라지는 것을 말한다. 생물학자들의 연구에 의하면 자연멸종으로 사라지는 종의 수는 일 년에 백만 종 당 1~5종 정도라고 추정되고 있다.

이와 달리 장기간에 걸쳐 지질적 혹은 기후적인 사건이나 변화로 인하여 지구 전체 생물종의 25~75%가 되는 많은 종이 모두 사라지는 현상을 대멸종이라고 한다. 과학자들은 최근 화석과 지질학적 증거를 근거하여 기후변화, 운석 충돌, 화산활동 등으로 지난 5억 년 동안 오르도비스기 말, 데본기 말, 페름기 말, 삼첩기 말, 백악기 말 등 다섯 번의 대멸종이 2천~6천만 년 간격으로 있었다고 말한다(그림 7.1).

지구에서 대멸종이나 고갈이 일어난 다음에는 비어있는 공간이나 생태적 지위를 채우기 위하여 수백만~수천만 년의 장기간에 걸쳐 새롭고 수많은 종이 생기는 적응방산adaptive radiation이 발생하여 비워진 환경을 보충하게 된다. 그러나 지난 2000년에 들어서면서 전부터 이산화 탄소의 증가로 인한 지구 온난화, 유독성 오염물질, 자연 서식지 파괴, 방목과 농경지 확장, 외래종 유입 등으로 매년 수만 종의 생물들이 멸종되었다. 따라서 금세기 말까지 전 세계에 현존하는 동식물종 25%~50% 정도가 사라지리라 예상된다. 하버드대학의 생물학자 윌슨Edward Wilson은

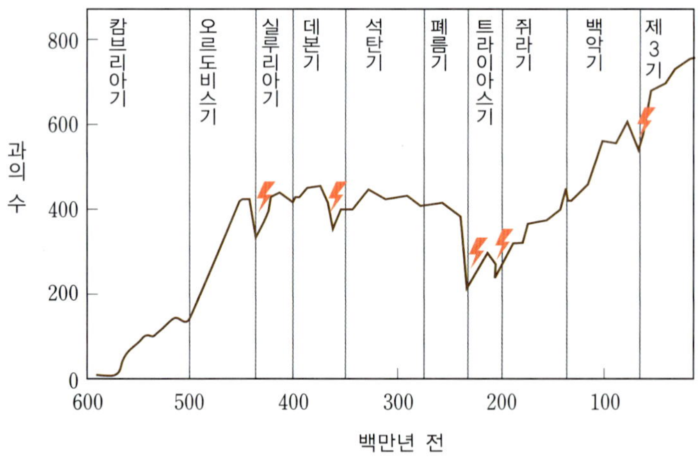

그림 7.1 5대 대멸종

"지질학상 가장 큰 규모의 대멸종이 현재 진행 중이어서 이 시대를 제6의 멸종시대"라고 경고한 바 있다. 제6의 대멸종은 이전의 대멸종과 달리 그 원인이 인간 활동에 있으며, 수십 년이란 매우 짧은 기간에 생물다양성이 풍부한 열대림, 산호초, 습지에서 가속되고 있어 더 심각하다고 하였다(Wilson, 1995).

1992년, 유엔인간환경회의에서는 자연환경이 계속 훼손되면서 급기야 야생동식물뿐만 아니라 인류의 지속적인 생존도 위험에 이르게 되었다는 점을 인식하게 되었다. 그래서 '환경적으로 건전하고 지속 가능한 개발Environmental Sound and Sustainable Development'이란 주제를 정하고 구체적인 실천방안으로 생물다양성협약Convention on Biological Diversity을 채택하였다. 그리고 생물다양성에 대한 인식을 높이고자 2010년을 생물다양성의 해로 정하고, 2011년부터 2020년을 생물다양성 10년으로 선포하였다. 또한 생물다양성이 지속적으로 손실되면 사회, 경제, 환경 및 문화적으로 심각한 영향을 미칠 수 있다고 강조하였다. 최근 미국에서는 과학자 400여 명을 대상으로 설문 조사를 하였는데, 그 결과 멸종의 문제는 환경오염, 지구 온난화, 오존층 파괴보다도 훨씬 더 심각한 문제로 제기되었다. 그러므로 생물다양성 보존은 이 시대의 가장 중요한 과제라고 생각한다.

하나의 표본만 남아있는 서호납줄갱이

1911년 여름, 미국의 어류학자이며 당시 미국 스탠퍼드대학 초대 총장이었던 조던David Jordan 박사는 우리나라의 서울, 인천, 수원, 부산, 평양, 해주에서 수집된 어류 표본을 조사하여 한국 어류의 10 신종을 포함한 75과 245종의 목록을 1913년, 미국『카네기박물관 논문집』제6권에 발표하였다. 이것은 한국 어류 연구에 중요한 기록으로, 당시 조사하였던 어류 표본은 미국 스탠퍼드대학, 카네기박물관 및 미국 시카고 필드자연사박물관에 보존되어 있다.

서호납줄갱이*Pseudoperirampus bondae*는 수원 서호에서 채집한 표본을 근거하여 다음과 같이 기재하였다.

> 모식표본은 카네기박물관 어류 표본 번호 4566, 전체 길이 2인치(5.18 cm), 채집지는 한국 수원. 등지느러미 극조 3, 연조 13, 뒷지느러미 극조 3, 연조 11, 측선비늘은 불완전, 체고 2.8, 두장 3.8(체장비); 안경 3.2, 문장 4.5(두장비); 양안간격 3.5(두장비), 미병고 2.5(미병장비), 복강은 검고, 인두치는 5-5, 일렬이고 예리한 거치가 있다.
>
> 몸은 약간 높아서 등지느러미 기점 부분이 가장 높고, 등과 배의 바깥쪽은 밖으로 굽어 있다. 등 쪽은 약간 암색이지만, 옆 중앙 아래쪽은 점점 옅어진다. 등지느러미 기점은 꼬리지느러미 기부보다 주둥이 말단에 더 가깝다. 가슴지느러미는 길어서 배지느러미에 도달한다. 꼬리지느러미는 안쪽으로 깊이 파이었다. 측선은 중앙이 아래쪽으로 약간 구부러졌다.

이 표본은 당시 수원 농업시험장 책임자인 혼다本田 박사가 수원 서호에서 채집한 한 마리 표본을 기증하여, 학명에 그의 이름을 이름을 헌정해서 '슈도페리람퍼스 혼데*Pseudoperirampus bondae*'로 명명하였다.『카네기박물관 논문집』제6권에는 수원 서호에서 채집된 표본과 서호납줄갱이를 포함한 16종이 포함되었다.

이후 1926년, 당시 경성제국대학 의예과 교수이던 일본인 모리森爲三 박사는 수원 서호의 어류목록에 메기, 동자개, 기름종개, 미꾸리, 잉어, 붕어, 참마자, 모래무지, 버들매치, 참붕어, 왜몰개, 흰줄납줄개, 서호납줄갱이, 끄리, 피라미, 줄몰개, 몰개, 중고기, 치리, 송사리, 드렁허리, 가물치, 동사리, 버들붕어, 빙어, 뱀장어의 9과 24종을 수록하였다. 1935년, 모리 박사는 서호납줄갱이 2마리 표본을 수원 서호에서 채집하여 1935년의 <일본동물학잡지> 제7권에 정리해서 보고하였는데 이것이 살아있었던 서호납줄갱이의 마지막 기록이었다.

서호납줄갱이 서식지인 수원 서호는 1799년, 정조 임금이 할아버지 영조에 의하여 비운의 죽음을 맞은 아버지인 사도세자를 기려 만든 호수이다. 수원성을 쌓을 당시, 농업용수 공급을 위하여 성곽 주변 동서남북 네 곳에 호수를 만들고 서쪽에 있는 서호도 농업용수로 사용되었지만, 1960년대 들어 서호로 흘러드는 서호천과 숙지천 주변에 주택과 공장이 들어서면서 오염되기 시작하였다. 오염을 막기 위하여 노력하였으나 물고기와 철새들의 떼죽음이 빈번하게 일어나면서 서호납줄갱이는 그 흔적을 감추었고, 그 후에도 국내 어류학자들은 서호납줄갱이의 흔적을 확인하지 못하였다. 1989년, <한국의 희귀 및 위기 동식물도감>과 1990년, <한국의 희귀 및 위기 동식물 실태조사>에서는 서호납줄갱이를 이미 멸종된 종으로 기록하였다.

저자는 1982년에 미국 시카고 필드자연사박물관을 방문하여 우리나라 서호납줄갱이 모식표본type specimen을 관찰하였다. 분류학자가 맨 처음으로 신종을 기재하고 발표할 때 사용한 표본을 모식표본이라 하여,

국가의 박물관이나 연구기관에 영구적으로 보존한다. 카네기박물관에 보존되었던 표본들은 이후에 시카고 필드자연사박물관으로 옮겨오면서 서호납줄갱이의 모식표본도 함께 온 것이다(그림 7.2).

저자는 지구에서 멸종되어 마지막으로 보존된 서호납줄갱이의 표본을 보면서 이를 국외 박물관에서만 볼 수 있어 매우 안타깝다는 생각이 들었다. 그 당시만 하더라도 국내에는 이와 같은 모식표본을 보존하고

그림 7.2 서호납줄갱이 모식표본 원도와 시카고 필드자연사박물관에 보존된 표본

연구하는 국립박물관은 존재하지 않았다. 국립자연사박물관 건립이 추진되었지만 뜻을 이루지 못하다가, 2007년에 환경부에서 국립생물자원관을 개관하게 되어 우리나라 생물다양성 연구와 보존에 기여하리라 기대한다.

많은 동식물의 다양한 생물종이 생태적 서비스를 제공하면서 오랫동안 지구에서 인류와 함께 살아왔다. 그러나 국토개발과 경제성장만을 명분으로 동식물의 자연 서식지를 파괴하면 서호납줄갱이처럼 표본으로만 동식물을 보게 되는 사례는 계속 이어지리라 생각한다.

절멸 위기에 처한 우리 물고기들

세계자연보전연맹International Union for Conservation of Nature, IUCN에서는 1996년부터 야생동식물의 멸종을 방지하고 생물다양성을 보전하기 위하여 멸종위험이 큰 생물종을 선정하고 평가해서 2001년에 적색목록의 범주와 기준을 발표하였다. 우리나라 환경부에서도 2011년, 어류에 대한 적색자료집을 발간하면서 고유종 64종과 외래도입종 12종을 포함한 담수어류 213종 가운데, 최근 서식지가 감소하여 희소해지는 100종을 중심으로 전문가 회의를 거쳐 다음과 같이 절멸 기준과 그에 해당하는 어류를 선정하였다.

지역절멸Extinct, EX 종의 마지막 개체가 죽었다는 점에 대해서 합리적으로 의심의 여지가 없는 종어*Leiocassis longirostris*가 지역멸절종으로 보

그림 7.3 한국의 멸종위기 야생동식물 적색자료집: 어류

자료: 국립생물자원관, 2011

고되었다. 서호납줄갱이는 지금까지 서식이 확인된 기록이 없어 이미 멸종한 종이라고 생각한다.

위급Critically Endangered, CR 야생에서 극단으로 높은 절멸 위기로 평가된 4종, 남방동사리*Odontobutis obscura*, 부안종개*Iksookimia pumila*, 버들가지*Rhynchocypris semotilus*. 여울마자*Microphysogobio rapidus*는 개체 수가 희소한 데다 서식지가 크게 훼손되거나 오염되어 매우 위험한 실정이다.

위기Endangered, EN 야생에서 매우 높은 절멸 위기에 놓인 13종, 감돌고기*Pseudopngtungia nigra*, 꺽저기*Coreoperca kawamebari*, 꼬치동자개*Pseudobagrus brevicorpus*, 두우쟁이*Saurogobio dabryi*, 모래주사*Microphysogobio koreensis*, 미호종개*Cobitis choii*, 얼룩새코미꾸리*Koerocobitis naktongensis*, 연

준모치*Phoxinus phoxinus*, 임실납자루*Acheilognathus somjinensis*, 좀수수치 *Kichulchoia brevifasciata*, 칠성장어*Lethenteron camtschatieum*, 퉁사리*Liobagrus obesus*, 한강납줄개*Rhodeus pseudosericeus* 역시 서식지가 개발로 인하여 파괴되고 개체 수가 희소하여 절멸 위기에 있다.

취약Vulnerable, VU 야생에서 높은 절멸 위기에 직면한 9종, 가시고기*Pungitius sinensis*, 꾸구리*Gobiobotia macrocephala*, 다묵장어*Lethenteron reissneri*, 돌상어*Gobiobotia brevibarba*, 백조어*Culter brevicauda*, 어름치 *Hemibarbus mylodon*, 열목어*Brachymystax lenok tsinlingensis*, 한둑중개*Cottus hangiongensis*도 서식지 개발 혹은 파괴로 집단의 크기가 점차 감소하여 가까운 장래에 절멸이 예상된다.

2017년, 환경부는 야생동물보호 및 관리에 관한 법률에 근거하여 멸종위기 야생동식물을 I급과 II급으로 나누어 267종을 지정하였다. 그 가운데 담수어류의 경우, 자연적 또는 인위적 요인으로 개체 수가 현저히 감소하여 현재의 위협요인이 제거되거나 완화되지 않는다면, 가까운 장래에 멸종위기에 처할 수 있는 멸종위기 1급에 임실납자루, 가는돌고기, 여울마자, 흰수마자, 미호종개, 얼룩새코미꾸리, 꼬치동자개, 퉁사리, 남방동사리 등 9종을 지정하였다. 그리고 아직 멸종위기에 처해 있지는 않지만 개체 수가 현저히 감소하고 있어서 현재의 위협요인이 제거되거나 완화되지 않으면 가까운 장래에 멸종위기에 처할 수 있는 멸종위기 II급 어류는 칠성장어, 다묵장어, 한강납줄개, 묵납자루, 가는돌고기, 모래주사, 돌상어, 꾸구리, 버들가지, 백조어, 부안종개, 좀수수치, 열목어, 가시고기, 한둑중개, 꺽저기 등의 16종이 지정되었다. 우리나라 미꾸리과 어류 5속 17종 가운데서도 저자가 처음으로 기재 발표한 미호종개, 얼룩새코미꾸리, 좀수수치, 부안종개 등의 4종도 여기에 포함된다.

어류의 종마다 생태적 혹은 지리 분포적 특징이 달라서 그 종을 위협하는 요인은 다를 수 있지만, 공통적인 주요 요인은 다음과 같다.

야생생물의 서식지 파괴

야생동식물 멸종의 가장 큰 원인은 열대 삼림과 열대 산호초와 자연 습지의 파괴와 매립, 담수 환경오염과 해양오염이다. 야생생물의 서식지 파괴는 기후변화를 일으키는 직접적 원인이며, 아직도 알려지지 않은 많은 동식물을 멸종시키는 직접적인 원인이 된다. 생물다양성이 높은 열대 삼림의 벌채와 담수 환경의 변화로 2020년에 생물종의 20%가 사라지고, 2042년에는 50%가 멸종하리라 예상되었다(Wilson, 1992). 이 정도의 멸종은 지난 6,500만 년 동안에도 없었던 초유의 멸종 규모이다.

지역경제의 개발과 남획

인구의 급속한 증가로 사람들의 일상생활에 필요한 자연 자원의 요구량을 공급하기 위한 농업, 임업, 목축업, 수산업, 제조업, 댐 건설 등의 대규모 개발에 관한 요구 역시 증가하였다. 이 같은 개발은 경제 발전의 명분으로 정부나 지방자치단체의 허가 아래 진행되는데, 자연 자원과 환경의 보전보다 단기적인 이익을 위하여 개발이 촉진되면서 생물다양성은 현저히 감소하게 되어 회복이 어려운 상태가 될 수 있다.

외래종 도입

산업과 무역이 발달하면서 살아있는 동식물이 다른 지역으로 이동하는 일이 빈번해졌다. 이에 따라 외래종이 새로운 환경에 적응하여 토착종을 멸종시키는 경우가 많아져 큰 문제를 일으키고 있다. 1970년대에는 시험 삼아 도입된 블루길과 배스가 한강 수계를 비롯한 전국 댐 호에 우점하여 고유 어종이나 자생종들을 현저히 감소시키고, 황소개구리와 붉은귀거북이 도입되면서 하천의 생태계를 교란하여 생물다양성이 격감되었다.

오염과 유독성 화학물질

동식물이 사는 물과 대기와 토양에 유입하는 오염물질은 생물군집에 스트레스를 준다. 그뿐만 아니라 오염물질은 이에 민감한 종에는 더욱 커다란 피해를 안기며, 나아가 생물의 집단 유지를 불가능하게 하여 결국에는 사라지게 한다. 유독성 화학물질은 야생생물들의 서식지를 파괴하고 동식물을 직접 죽이기도 한다. 특히 DDT와 같이 천천히 분해되는 살충제나 제초제는 이것을 섭취한 동물들의 지방조직에 축적되고 먹이사슬 속에서 생태계에 연쇄적인 피해를 준다.

지구 온난화와 기후변화

지구 온난화로 인한 피해는 대류권에 이동하거나 머무르는 열의 양, 그리고 온실기체의 농도와 머무는 시간에 따라 피해 정도가 달라진다. 19세기에서 20세기까지 지구의 평균 기온은 0.3~0.7℃ 상승하였다. 그러나 최근 기후변화 모델에 따라 IPCC는 1990년과 2100년 사이의 지구 평균 온도가 1.0~3.5℃가 증가한 수치라고 산출하여 보고하였다. 가장 작은 예상치인 1℃만 상승하더라도, 지구의 온도는 지난 1만 년 동안 더워진 것보다 더 올라가는 셈이다. 이러한 지구 온난화는 동식물의 생태계와 농업에도 크게 영향을 주는데 고온 장애, 병충해, 가축 번식 장애, 어장 변화로 인한 물 부족, 질병 확산으로 생물다양성이 매우 감소하는 것은 물론 사람들에게도 나쁜 영향을 미치리라고 예상한다.

4대강 사업은 무엇을 남겼는가?

지난 2009년부터 2012년까지 정부는 물 부족에 대비하고 수질을 개선하며, 홍수를 예방하고 지역경제를 살린다는 명목으로 무려 22조 원을 투입하여 한강, 낙동강, 금강, 영산강의 4대강에 16개의 대형 보인 댐을 축조하는 역대 최대의 토목공사를 진행하였다. 시민단체와 학계에서는 4대강 사업이 물흐름을 정체시키고 수질을 악화시키며 보가 물고기들의 자유로운 이동을 막아 물속 생물들의 서식처와 산란 장소가 파괴될 것이라고 경고하면서 사업 추진을 반대하였지만, 정부는 우리나라 강 복원기술은 세계 최고의 수준임을 강조하며 이러한 문제 제기는 4대강 사업에 대한 홍보와 인식이 부족하기 때문이라 일축하면서 사업을 강행하였다.

실제로 4대강 공사는 물고기를 비롯한 많은 수서생물들의 서식처를 파괴하고, 유로를 변경시키며, 흐르는 물을 정체시키는 공사였다. 더욱이 생태계 복원을 위한 구체적인 방안을 제시하지 않고 공사를 강행하여

그림 7.4 4대강 공사 현장 모습

현재까지도 사회 경제적으로 큰 문제가 되고 있다.

2012년 공사가 끝난 후, 4대강의 보가 만들어진 곳에서는 심한 녹조 현상과 물고기 떼죽음이 이어졌고, 뒤이어 수많은 문제가 속속 드러나기 시작하였다. 2012년 7월, 식수원으로 이용하는 한강 팔당호에서는 녹조 현상이 심각해져서 충주댐의 물을 대량 방류하여 이포보와 여주보 녹조를 희석해야 하였다. 2012년 8월에는 낙동강 중류에 설치한 강정고령보, 달성보, 구미보에서도 녹조가 걷잡을 수 없을 정도로 확산하여 물속의 용존산소가 고갈되었고, 이로 인하여 물고기를 비롯한 많은 수중 생물들이 질식하여 떼죽음을 당하였다. 또한 2012년 10월 24일, 낙동강 구미 수역에서도 누치, 쏘가리, 피라미 등 1,000여 마리와 메기, 붕어 등 1,000여 마리가 연이어 폐사하여 물 위로 떠올랐으나 그 원인을 밝혀내지 못하여 주민들이 불안해한다는 보도가 있었다.

2012년 3월 29일에는 전남 나주 영산강 죽산보 하류 1 km 수역에서 심한 녹조 현상과 함께 물고기가 떼죽음을 당하였다는 사실이 크게 보도되었고, 2012년 10월 17일에는 금강의 왕진교 부근부터 하류인 부여군 성서면 일대까지 20 km에 이르는 전 수역에 걸쳐 5만여 마리 이상의 물고기들 사체가 동시에 떠오르는 일도 크게 보도된 바가 있다.

환경단체들은 일찍부터 4대강 사업으로 수질이 나빠져 물속에 산소가 부족해진 것이 물고기 떼죽음 원인임을 인지하고 대량폐사가 발생할 수도 있다는 사실을 예상하였다. 그러나 붕어, 메기, 누치와 같이 저항력이 있는 어종 역시 폐사한 것으로 보아 그 당시 하천의 정수 상태에 관한 호소학적 수질 변화와 저질 상태 등의 악화와 같은 요인들에 대해서 충분한 조사가 이루어지지 못하였다고 생각한다. 충청남도 민관공동조사단이 2013년 10월에 완료한 조사 결과 역시 이러한 주장을 뒷받침

그림 7.5 물고기 떼죽음 현장

하였다. 그러나 환경부에서는 그 결과에 관하여 사고 당시의 기록과 일치하지 않는다는 점을 들어 용존산소 부족이 물고기 떼죽음의 직접적인 원인이 아니며 그 원인 규명 역시 쉽지 않다고 일축하였다. 이처럼 정부, 지방자치단체와 시민단체의 의견이 엇갈린 가운데 한강, 낙동강, 금강, 영산강은 물고기와 물새들도 보이지 않는 침묵의 강이 되어 흐르고 있었다.

남한강에 서식하는 50여 종의 민물고기 가운데 절반은 한반도의 고유한 자연환경에서 살아가는 한국의 고유종이다. 여울의 옅은 자갈 바닥이나 모래가 있는 하천에는 쉬리, 모래무지, 배가사리, 돌마자, 꾸구리, 돌상어, 새코미꾸리, 참종개, 퉁가리, 동사리, 얼룩동사리가 살고 있다. 그런데 남한강 수역을 수심 6 m 깊이로 파헤치고 대형보를 설치하면서 그들의 서식처가 완전히 사라지게 되었다. 이러한 정수 환경에 적응한 누치와 강준치의 개체 수는 증가하고 외래종인 블루길과 배스가 이전보다 폭발적으로 늘어나는 등 하천생태계에 큰 이변이 일어나고 있다.

낙동강에서도 8개의 보가 새로 만들어지는 과정에서 모래의 저서 환경에 사는 흰수마자, 모래주사, 여울마자, 돌마자, 기름종개는 모두 사라지게 되었다. 또한 여울과 돌 틈에 사는 쉬리, 자가사리, 꺽지, 돌고기, 수수미꾸리, 얼룩새코미꾸리, 미유기의 서식처도 파괴되면서 고유한 우리 물고기의 아름다운 모습은 찾아보기 어려워졌다.

금강 역시 정비사업 이후 2013년 사업 구간에서 시행한 어류 조사 결과, 이전에는 그 수역에서 50여 종의 물고기가 살고 있었지만, 보의 건설로 수심이 깊어지고 유속이 느려지면서 하상의 펄이 침적되어 대부분 물고기 개체 수가 급감하였다. 대신 정체성 수역에 사는 강준치와 살치의 개체 수가 현저히 증가하였다. 천연기념물 미호종개는 자취를 감추었고, 멸종위기종 흰수마자도 희소해져 어류상에 큰 변화를 초래하였다.

영산강 수역에서도 42종의 물고기가 서식하였는데 공사가 진행되면서 서식지가 사라져 흔하게 나타나던 각시붕어, 납자루, 칼납자루, 긴몰개, 몰개, 중고기, 참중고기, 돌마자, 남방종개, 꺽지, 동사리 같은 고유종들은 찾아보기 어려운 실정이 되었다.

2017년 11월, 금강에서 수문개방을 시작하여 가장 오랜 기간에 걸쳐 상시 개방하였던 세종보에서는 멸종위기종인 흰수마자와 흰목물떼새의 서식이 확인되어 자연성 회복 가능성을 보여주었다. 2019년 2월, 환경부 4대강 조사평가위위원회는 4대강 사업으로 금강과 영산강에 만들어진 5개 보 가운데 세종보와 죽산보는 해체하고 공주보는 부분 해체(공도교 유지), 백제보와 승촌보는 상시 개방을 확정한 바 있다.

2020년, 환경부에서는 '금강과 영산강 보 처리에 대한 국민의식조사'를 실시하였는데 그 결과, 여전히 4대강 사업에 반대하는 여론이 월등히 높은 데다 현장에서 문제를 체험한 지역주민들도 적극적으로 4대강 복원에 동의한 것으로 밝혀졌다. 이후 9월 25일에는 금강유역위원회가, 9월 28일에는 영산강유역위원회가 환경부가 제시한 보 처리방안에 동의하였고 2021년 1월 18일, 국가물관리위원회 역시 환경부 원안대로 의결하면서 한강과 낙동강의 보 처리방안도 자연성 회복과 물 순환의 건전성이 지속할 수 있기를 바란다고 제안하였다. 사실 국내에도 많은 전문가가 참여하여 문제 해결을 위해 노력하였지만, 4대강 문제는 아직도 해결하지 못하고 있다.

오랜 세월 동안 형성되어온 자연 생태계는 생명체들의 삶의 터전이며 인류의 생존도 이곳에서 유지되었다. 따라서 이러한 사실을 다시 인식하고 강 생태계를 회복하는 방안을 적극적으로 추진하는 것이야말로 인류 문명을 지속할 수 있는 유일한 지름길이라고 생각한다.

남아있는 생물다양성의 보고寶庫, 자연 습지와 갯벌

정부나 지방자치단체에서는 진흙 바닥에 물이 고여있는 갯벌이나 자연 습지를 쓸모없는 땅으로 간주하여 국토확장과 농지 혹은 공업단지 조성의 목적으로 매립하였다. 그러나 이러한 습지가 인간 생활에 매우 유익함을 제공하는 생태계라는 사실이 알려지면서 최근 선진국에서는 습지 보존을 위한 법규를 제정하고 다시 복원하고자는 방안을 강구하고 있다.

습지란 일 년 중에 일정 기간 물에 잠겨있는 곳으로 바다나 강 혹은 육지의 중간을 이어주는 통로이다. 습지는 늪, 연못, 호수, 강과 같은 내륙성 습지와 강 하구, 갯벌, 해변과 같은 해안성 습지, 그리고 논, 양어장, 저수지, 농수로, 염전, 운하 등과 같은 인공 습지로 구분할 수 있다.

습지의 중요성이 재인식되고 있는 이유는 다음과 같은 습지의 생태적 역할 때문이다. 첫째, 자연 습지는 지구의 생태계 가운데 생물다양성이 가장 높은 곳으로 인류에게 많은 식량자원을 공급하여 왔으며, 야생동식물의 보금자리로 인접한 생태계를 부양해 왔다.

둘째, 습지는 지구 생태계 가운데 열대림과 함께 생산력이 가장 높은 곳이다. 습지에 있는 식물플랑크톤과 저생 규조류의 평균 생산력은

그림 7.6 다양한 생물의 보금자리인 갯벌

3,000 g/m^2/yr 이상으로 농경지보다 3배 이상이므로 습지가 지닌 경제적 가치는 충분히 주목할 만하다.

셋째, 습지는 우기에 홍수가 나면 과다한 물을 토양에 저장하였다가 건기에는 지속적으로 물을 공급하므로 실제로 홍수를 예방하고 토양침식을 방지하고 있다.

넷째, 습지에 사는 다양한 동식물과 미생물은 주변으로부터 유입하는 유기물을 분해하여 오염물을 정화하고 있다.

다섯째, 습지에 사는 식물은 대기 중 이산화 탄소를 흡수하고 산소를 배출하여 대기를 정화하며 주변 온도를 조절하여 안정된 기상 조건을 갖도록 한다.

여섯째, 습지는 경관적으로 매우 독특한 모습을 지니고 있어 생명력이 넘치는 생태체험 교육과 레크리에이션 장소, 혹은 학술 연구 장소로 이용 가치가 있다.

이와 같은 습지의 생태적, 경제적 및 문화적 가치를 인식한 선진국에서는 1971년, 이란의 람사르Ramsar에 모여 세계적으로 중요한 습지를 보호하기 위하여 람사르 협약Ramsar Convention을 채택하고, 이를 1975년부터 시행하였다. 이 협약에서 취급하는 습지를 '람사르 습지'라고 하는데, 이제 람사르 지역은 동식물 특히 물새와 어류의 중요한 서식처와 생물다양성 보고로 인식되고 있다.

우리나라에서도 1994년 7월, 람사르 협약에 가입하고 람사르 지역으로 대암산 용늪과 창녕 우포늪을 등록하였다. 뒤이어 1998년 12월에는 습지보전법이 국회에서 의결 및 제정되었다. 우리나라 갯벌의 전체 면적 중 83%인 1,980 km^2가 서해안에 있고 나머지는 남해안에 있다. 2021년 7월 26일, 제44차 세계유산위원회는 한국의 갯벌(서천 갯벌, 고창갯벌, 신안 갯벌, 보성 순천 갯벌)을 세계유산목록에 등재하는 것에 만장일치로 결의하였고, 이날 유네스코 세계유산위원회는 우리나라 갯벌이 지닌 '동아시아와 오세아니아 지역의 철새를 포함한 동식물의 서식지로서 탁월한 보편적 가치Outstanding Universal Value, OUV'를 인정하여 갯벌을 세계유산목록으로 등재하였다.

우리나라에 많은 자연 습지가 경제개발과 국토확장이라는 명분으로 파헤쳐 매립되거나 파괴되어 현저하게 줄어들고 있다. 지난 1987년, 경기도 시흥시와 화성군 그리고 안산시를 잇는 12.4 km의 시화호 방조제의 공사는 시화지구에 농경지와 공업단지에 용수를 공급할 깨끗한 담수호를 조성될 계획으로 시행되어 1994년 1월에 물막이 공사가 완공되었다.

시화호 방조제 공사가 완공되자마자 주변 공장의 폐수와 도시의 생활하수가 유입되어 심각할 정도의 오염이 시작되었다. 이로 인하여 수질 개선을 위한 노력에도 불구하고, 조성 후 3년이 안 되어 시화호는 '죽음의 호수'로 변하여 환경오염의 대명사가 되었다. 1995년, 시화 간척지는 소금 퇴적물이 바람에 날려 농작물에 큰 피해를 주었고, 이듬해는 수십만 마리 물고기 떼죽음이 이어졌다. 1997년 3월부터는 배수갑문을 개방하여 바닷물을 유입하였으나 해양 생물 떼죽음이 이어지는 폐해가 발생하자 1998년, 정부는 시화호 담수화를 포기하고 2001년부터는 공식적으로 해수호로 인정하였다.

한편, 1991년 11월에 전라북도 군산시 비응도와 고군산의 신시도를 거쳐 부안군 변산면 대항리까지 33.9 km에 이르는 방조제를 축조하여 서해안의 광활한 갯벌을 매립해서 간척하는 새만금 사업 기공식이 열렸다. 그러나 사업의 경제성이 낮다는 이유로 공사는 지연되었고, 1996년부터 갯벌 파괴와 수질 오염을 이유로 환경단체는 사업 반대 운동을 전개하였다. 하지만 2001년 5월, 정부에서는 '친환경순차개발' 방침을 발표하고 2006년 4월 21일, 물막이 공사를 완공하여 착공한 지 19년이 지난 2010년 4월 27일에 준공식을 치렀다. 새만금 방조제는 네덜란드 자위더르 방조제(32.5 km)보다 1.4 km 더 길어서 세계에서 가장 긴 방조제로 기네스북에 등재되었으며 현재는 도로로 사용되고 있다. 새만금 사업비는 1991년에 8,200억원으로 예상되었지만 방조제 준공 시까지 2조원이 소요되었고 앞으로 내부개발을 위해서 더 많은 예산이 필요하다고 한다.

새만금 간척사업은 처음에는 100% 농업용지 확보를 목적으로 시작되었다. 그러나 농업 여건의 변화로 인하여 2012년에 수립된 토지이용

계획에 따라 농업용지의 비율이 30%로 줄고, 관광용지, 산업용지, 주거용지 및 스마트 수변도시 등의 비농업 용지가 70%를 차지하게 되었다.

정부는 2001년부터 2020년까지 4조 원의 예산을 들여 새만금 간척사업을 시작한 후, 2020년에 새만금호를 담수화하는 목표를 두고 추진하였다. 그러나 2019년 새만금호의 목표 수질 3등급 달성은커녕 5~6등급으로 악화하여, 전라북도는 새만금 해수 유통 여부를 2025년에 결정하기로 유보하였다. 한편, 새만금 해수 유통 추진공동행동 시민단체는 새만금 담수화 포기와 해수 유통을 즉각 결정하기를 촉구하고 있다. 새만금 사업은 소 잃고 외양간을 고친다는 느낌이 있지만, 지금이라도 해수를 유통하여 수질을 개선하고 제한된 갯벌과 해양생태계를 회복하는 것이 지역사회와 국가 발전에 기여하는 길이라고 생각한다.

재자연화로 쉬리가 사는 전주천

막았던 보를 허물고 깊이 파헤쳐진 강바닥을 원래의 상태로 복구하여 물길이 자연스럽게 흐르게 하면 그곳에 여울과 소가 생긴다. 그리고 자갈과 돌 틈에 부착조류가 점점 자라면서 물속에 작은 동물들이 모여들고, 그들을 먹고 사는 물고기들과 새들이 날아와 새로운 생명공동체인 하천생태계가 회복된다. 이같은 재자연화는 생물다양성으로 이어지고, 사람들의 지속적인 삶도 가능해진다고 생각한다.

미국은 지금으로부터 50여 년 전, 강에 만들어진 대형 댐들 가운데 환경에 손실이 크고, 생태적 문제가 큰 댐부터 철거하기 시작하였다.

1970년대에 20개, 1980년대에 91개, 1990년대에 177개의 댐이 철거되었는데, 여전히 가동하고 있는 댐들은 그 강의 자연적인 형태와 기능을 되살리는 방식으로 운영하고 있다. 아직 착공하지 않는 댐들은 처음부터 생태적 목적을 고려하는 방식으로 설계하고 운영하자는 주장이 강하게 제기되었다. 미국 중서부에서는 1990년대 중반에 홍수가 발생하자 강과 범람원을 다시 연결하였고 그 결과, 미주리강 범람원의 자연생물 군집은 더 빨리 복원할 수 있었다(Postel and Richter, 2003).

우리나라에서도 하천 개발로 죽어가던 강을 성공적으로 복원한 사례가 있다. 저자는 1975년부터 전주천에 어떤 종류의 물고기가 살고 있는지를 조사하였다. 전주천 상류에 해당하는 색장리와 한벽보 일대에는 버들치, 참마자, 돌고기, 쉬리, 메기, 왜몰개 등 18종의 물고기가 살고 있었다. 하지만 도심 구역인 다가교와 서신교 수역은 주변의 한지 공장과 가정에서 배출된 폐하수로 인하여, 오염에 비교적 잘 견디는 붕어, 피라미, 모래무지, 미꾸리 등 4~5종의 물고기가 드물게 버티는 동안, 전주천은 심한 악취와 오염으로 사람들이 접근할 수 없는 죽은 강으로 변하고 있었다.

20여 년이 지나 1994년, 전주시는 도심 구역 오염 하천을 정비하기 위하여 생활 하수를 분리하고 콘크리트로 직강화하는 공사를 진행하였다. 그러나 공사 후에도 물고기는 여전히 붕어, 돌고기, 돌마자, 피라미, 모래무지 등 5종뿐이었고 하천에서는 악취가 여전하였다. 전주시는 하천을 복원하기 위하여 1998년부터 1999년까지 전주천 공원화 사업을 추진하여 한벽보 수변 공원화, 둔치 휴게소, 야외무대, 체육시설, 수중보 설치와 하류 덕진보 물을 상류로 끌어올려 유지용수를 확보하려는 계획을 추진하려고 하였다.

이즈음 전주시에서는 시민단체와 이견을 조정하기 위하여 2000년 5월 민관공동협의회를 구성하고 10여 회 이상 회의를 거쳤다. 또한 당시 시장의 결단으로 이미 입찰이 끝난 기본 설계를 변경하면서, 한벽보부터 삼천 합류 지점의 연장 7.2 km 구간에 120억 원의 예산을 지원하여 수중보와 콘트리트 호안을 제거하였다. 더불어 여울과 소 그리고 중도를 조성하면서 강바닥까지 햇빛을 유입시키고 여울에 생기는 물거품으로 산소량을 증가시켰고, 그 결과 부착조류, 플랑크톤 등의 무척추동물들이 살아나기 시작하였다. 이에 그치지 않고 한벽보에 어도를 만들어 끊임없이 하천 유지수를 흐르게 하며, S자형 하천을 조성하여 여울과 소, 습지, 자갈과 바위 등 다양한 서식처를 조성하였다. 이로부터 1년이 지나면서 부니腐泥로 가득하였던 돌은 부착조류로 바뀌었고, 돌 아래에 날도래와 강도래 유충과 작은 다슬기들이 모여들었다. 여울에는 다양한 수서곤충들과 쉬리, 참종개, 돌마자, 참갈겨니 등 20여 종의 물고기 집단이 이루어지면서 비로소 전주천은 생동감이 넘치기 시작하였다.

마침 2002년 7월에 일본 국제올림픽을 기념하는 청소년종합센터에서 개최된 국제워크숍에서 전주천 자연형 하천이 모범 하천으로 선정되어, 일본의 2개 하천과 함께 그랑프리 상을 받았다. 더불어 그해 10월에는 우리나라 제2회 자치단체 개혁박람회에서 우수 사례로 최종 선정되었다.

2005년 이후에는 전주천 하류 수역인 백제교 부근에서도 쉬리를 비롯한 16종의 물고기 서식이 확인되었고, 쇠백로와 논병아리를 포함한 35종의 새들이 찾아와 '쉬리가 사는 전주천'이 전주시의 자랑거리가 되

그림 7.6 복원된 전주천과 도심 수역에 찾아온 쉬리

었다. 복원된 전주천에 멸종위기종 2급인 흰목물떼새와 천연기념물 원앙, 황조롱이가 오기 시작하였고, 2008년 12월에는 도심 구간의 시작 지점인 한벽교 하류에서 멸종위기종 1급이자 천연기념물인 수달의 서식도 확인되어 지역신문에 크게 보도되었다. 전주시에서는 지속 가능한 생태 문화도시로 나아가기 위하여 2009년 11월, 전주천의 복원 현장을 기록한 『전주천 10년의 기록』을 발간하였다.

지난 한 세기에 걸쳐 동식물의 서식지인 자연환경이 크게 파괴되어 매년 4만여 종의 동식물이 지구에서 멸종되었다. 이처럼 인류 생존이 위협받고 있는 상황에서, 전주천에 쉬리가 돌아온 것처럼 파괴된 동식물의 서식지를 복구하여 보존하는 노력이야말로 생태적 위기를 극복하는 방안이라고 생각한다.

용어 해설

- **감베타 반문**Gambetta's band 미꾸리과 어류의 체측에 3~4열로 길게 나타나는 갈색 반점
- **강하성**降下性, catadromous 강과 바다를 왕래하는 어류 가운데 뱀장어와 같이 산란을 위하여 강에서 바다로 내려가는 습성
- **개체군**個体群, population 일정한 지역에 사는 어느 한 종의 집단
- **고유종**固有種, endemic species 지리적으로 제한된 특정한 곳에만 분포하는 종種
- **골질반**骨質盤, lamina circularis 미꾸리과 어류에서만 볼 수 있는 특징이며 수컷의 가슴지느러미 제2기조 기부가 팽대되어있는 뼈의 구조로 종 분류에 중요한 형질
- **구엽**口葉, mental lobe 아래턱 입술 중앙 홈이 둘로 갈라져 돌출한 육질 돌기
- **극조**棘條, spinous ray 지느러미를 구성하는 기조로서, 가시처럼 딱딱하고 말단은 뾰족함
- **기수**汽水, brackish water 강 하류에서 민물과 바닷물이 만나 혼합된 수역의 물
- **기조**鰭條, fin ray 지느러미 막을 지지하는 막대 모양의 골격구조로 연골, 경골 혹은 콜라겐과 같은 물질로 이루어짐
- **동종이명**同種異名, synonym 생물분류의 명명규약에서 같은 종인데도 서로 다른 이름으로 사용되는 이름
- **두장**頭長, head length 주둥이 앞 끝에서부터 아가미뚜껑 후단까지 직선거리
- **모식표본**模式標本, type specimen 신종을 기재할 때 사용되는 선택된 개체의 표본
- **부성란**浮性卵, drift egg 알이 물보다 가벼워 수면 위에 뜨는 알
- **분류군**分類群, taxon 분류 계급(과, 속, 종 등)의 어느 한 단계에 해당하며 실제로 존재하는 생물집단, 예) 미꾸리과, 참종개속, 미호종개 종

- **상새관**上鰓管, suprabranchial organ　아가미강에 있는 기관으로 혈관이 많은 점막이 있어 공기 호흡이 발생
- **성적이형**性的二型, sex dimorphism　자웅이체인 동물인 경우 암수 개체의 외부 형태가 완전히 구별되어 나타나는 현상
- **세력권**勢力圈, territory　동물이 자기가 사는 영역을 보호하고 방어하는 행동 영역
- **소하성**遡河性, anadromus　연어와 같이 산란하기 위하여 바다에서 강으로 거슬러 올라가는 습성
- **아가미뚜껑**鰓蓋, operculum　아가미를 덮어 보호하는 뼈 성분의 판상구조
- **아종**亞種, subspecies　넓은 분포범위를 가진 종이 지리적으로도 구분되면서 형태적으로도 구별되는 분류적인 집단, 학명은 3명법으로 표기
- **안경**眼徑, eye diameter　눈의 최대 수평 지름
- **안하극**眼下棘, suborbital spine　눈 밑에 있는 뾰족한 가시
- **양안간격**兩眼間隔, interorbital width　양쪽 두 눈 사이의 가장 짧은 거리
- **어류상**魚類相, fish fauna　어느 일정한 장소나 지역에 사는 어류의 전체 종류
- **연조**軟條, soft ray　지느러미 막을 지지하는 기조의 일종으로 부드러운 마디를 지님
- **원기재**原記載, original description　분류적으로 종이나 속을 처음으로 정해서 발표할 때, 모식표본의 형태적 특징을 기록하거나 정리한 문서 혹은 문헌
- **이종동명**異種同名, homonym　생물분류의 명명규약에서 서로 다른 종이면서도 같은 이름으로 사용되는 이름
- **이차성징**二次性徵, secondary sexual character　생식기 이외에 암수를 구별할 수 있는 외부 특징
- **자어**仔魚, larva　부화 후 난황을 지닌 어린 새끼 물고기
- **자웅동체**雌雄同體, hermaphroditism　정소와 난소를 한 몸에 동시에 가진 동물 개체
- **저서성**底棲性, benthic　바닥에 사는 습성
- **전장**全長, total length　주둥이 끝에서 꼬리지느러미 끝까지 가장 긴 거리
- **종대 반문**縱帶班紋, longitudinal band 혹은 stripe band　몸 앞뒤의 길이에 따라 줄처럼 길게 이어지는 반문
- **종편**縱扁, depressed form　몸 단면의 좌우 방향 길이가 상하 길이보다 길게 나타나는 체형으로 위에서 보면 넓적하게 보임, 바닥에 사는 넙치와 같은 체형

- **짝지느러미**paired fin 좌우에 쌍을 이루고 있는 지느러미로 가슴지느러미와 배지느러미가 있음
- **추성**追星, nupital tubercle 잉어목 어류의 산란기에 수컷 머리, 지느러미와 피부에 두껍게 돌출된 돌기
- **침성란**沈性卵, demersal egg 알이 물보다 무거워 바닥에 가라앉거나 다른 물체에 붙는 알
- **학명**學名, scientific name 국제적으로 통용되는 생물 종의 명칭으로 라틴어로 표기, 종명은 속명과 종소명의 2개 단어로 아종명은 속명, 종소명, 아종명 등 3개의 단어로 표기
- **핵형**核型, karyotype 생물종마다 염색체 중기 분열 시기에 나타나는 염색체 수와 모양의 특징
- **혼인색**婚姻色, nupital color 물고기 산란기에 피부에 나타나는 현란한 체색으로 수컷에 뚜렷하게 나타남
- **횡반문**橫班紋, transverse band 혹은 cross band 몸 등 쪽으로부터 배 쪽까지 수직 방향으로 길게 내려진 반문형

부록

한국의 미꾸리과 (Family Cobitidae) 어류 목록

미꾸리과 어류는 몸이 가늘고 길며 입은 머리 아래에 있다. 등지느러미 연조 수는 6~7개, 뒷지느러미 연조 수 4~5개이다. 입술은 비교적 두꺼우며 입가에는 3쌍의 수염이 있다. 눈 밑에는 안하극眼下棘, suborbital spine이 있고 일렬의 인두치가 있다. 유라시아 대륙과 인접한 섬의 담수역에 널리 분포하는 저서성底棲性 어류로 전장 10~40 cm이다. 전 세계에 21속 471종이 알려졌는데(Kottelat, 2012), 우리나라에는 5속 17종이 분포한다. 한반도 미꾸리과 어류 5속 17종의 분류 목록, 형태, 생태, 분포와 관련된 특기 사항은 다음과 같다.

기름종개속 Genus *Cobitis* LInnaeus, 1758

미호종개 *Cobitis choii* Kim and Son, 1984

전장 7 cm, 척추골 수 42~44개, 새파 수 14개. 주둥이는 길고 뾰족하며 미병부는 비교적 가느다랗다. 수컷 가슴지느러미 기부 골질반은 세장형이지만 가장자리에는 톱니 모양 거치가 있다. 체측 4번째 감베타 반문 모양은 일정하지 않다. 하천 중류의 유속이 완만하고 수심이 얕은 모래 속에 산다. 산란기는 5~6월이고 염색체 수는 50개이다. 금강 수계의 미호천, 유구천, 지천, 갑천에 분포하고 문화재청의 천연기념물 제454호, 환경부 멸종위기 야생동식물 1급으로 지정되었다. 최근 아무르강(몽골의 부이르호Buir Nur와 케룰렌 강Kherlen으로부터 하류인 니콜라옙스크나아무레Nikolayevsk-na-Amure)에서도 출현한다고 보고되었지만(Bogutskaya *et al.*, 2008), 추후 표본의 재검토가 요구된다.

기름종개 *Cobitis hankugensis* Kim, Park, Son, and Nalbant, 2003

전장 15 cm. 척추골 수 41~45개. 새파 수 15~16개. 체측에는 전형적인 감베타 반문형을 보이고 수컷 가슴지느러미 골질반은 원형이다. 산

란기 수컷은 체측반점이 가끔 줄무늬로 나타난다. 등지느러미와 꼬리지느러미 기조에 3줄의 갈색 줄무늬가 있다. 하천 중상류 모래가 있는 곳에서 수서곤충과 부착조류를 섭식한다. 산란기는 5~6월이며 염색체 수는 48개이다. 우리나라 낙동강과 인접 하천에 분포하는 한국 고유종이다.

점줄종개 *Cobitis nalbanti* Vasil'eva, Kim Vasil'ev, Ko, and Won, 2016

전장 8~10 cm. 척추골 수 41~44. 세파수 15~16개. 암컷은 수컷에 비하여 전장이 크고 수컷 가슴지느러미 기부의 골질반은 원반형이다. 체측의 반문은 4개의 감베타 반문이 있으나 산란기 수컷은 체측에 2개의 종대가 뚜렷하게 나타나는 성적이형sex dimorpism을 보인다. 하천 중하류

의 유속이 비교적 완만한 모래가 있는 곳에서 주로 수서곤충을 섭식하며 산란기는 5~6월이고 염색체 수는 50개이다. 우리나라 한강과 금강 수계에 분포한다고 보고되었지만, 추후 영산강과 탐진강 인접한 하천에 사는 집단에 대한 분류적 검토가 요구된다.

줄종개 *Cobitis tetralineata* Kim, Park, and Nalbant, 1999

전장 10 cm. 척추골 수 41~44개. 새파 수 17~18. 척추골 수 41~44개. 눈은 작고 양안간격이 좁으며 주둥이는 비교적 길다. 등지느러미 뒤쪽 가장자리는 반듯하다. 머리에는 눈을 가로지르는 갈색 줄무늬가 있다. 체측면에 가로로 4개의 갈색 줄무늬 혹은 점열이 미병부까지 이어지고 미병부 말단 기부 상단과 하단에 흑갈색 반점이 있다. 하천 중류의 유속이 완만하고 모랫바닥에서 수서곤충과 소형의 무척추동물 및 부착조류를 섭식한다. 산란기는 6~7월이며 염색체 수는 50개이다. 우리나라 섬진강 수계에서만 분포하는 한국 고유종이다.

참종개속 Genus *Iksookimia* Nalnant, 1993

남방종개 *Iksookimia hugowofeldi* Nalbant, 1993

전장 13 cm. 척추골 수 41~44. 새파 수 15~16개. 머리가 길고 약간 납작하다. 수컷 가슴지느러미 제2기조의 말단은 길게 연장되었고 기부에 있는 골질반은 원형이다. 체측 상반부에는 갈색의 작은 반문이 구름처럼 밀집하는데, 하반부에는 안경과 같은 폭의 수직으로 긴 횡반문 9~11개가 배열하고 첫 번째와 두 번째 반문은 다른 반문보다 진하다. 하천 중상류의 유속이 비교적 느린 자갈과 모래가 있는 곳에서 주로 수서곤충을 섭식한다. 산란기는 5~6월이며 염색체 수는 50개이다. 우리나라 영산강과 탐진강 및 인접 하천에 분포하는 한국 고유종이다.

참종개 *Iksookimia koreensis* (Kim, 1975)

전장 10 cm. 척추골 수 45개, 새파 수 16개. 수컷 가슴지느러미 제2기조 말단은 새부리처럼 뾰족하게 연장되었고, 기부에 있는 골질반은 가늘고 긴 세장형이다. 체측 상반부에는 갈색의 구름 모양의 반문이 밀집되어있고, 하반부는 눈의 직경보다 약간 큰 폭의 횡반문이 미병부까지 10~18개 배열하며, 미병부 말단 상부에 진한 흑갈색 작은 반점이 뚜렷하다. 하천 중상류 의 유속이 비교적 빠른 여울부의 자갈이 많은 바닥에서 수서곤충과 부착조류를 섭식한다. 산란기는 6~7월이며 염색체 수는 50개이다. 우리나라 임진강, 한강, 금강 만경강, 동진강, 삼척오십천과 마읍천에 분포하는 한국 고유종이다.

왕종개 *Iksookimia longicorpa* (Kim, Choi, and Nalbant, 1976)

전장 18 cm. 척추골 수 46~48개. 새파 수 16~17개. 수컷 가슴지느러미 제2기조 말단은 새부리처럼 뾰족하게 돌출되었고 기부 골질반은 혹 모양으로 둥글다. 체측 상반부에는 등 쪽에서 넓은 폭의 갈색 띠가 이어지고, 하반부에는 눈 직경의 세 배 정도 넓은 폭의 긴 횡반문이 10~13개 배열하며, 처음 1~2개의 횡반문은 진한 흑갈색을 띤다. 하천 중상류 빠르게 흐르는 자갈이 많은 바닥에서 주로 수서곤충을 섭식한다. 산란기

는 5~7월이며 염색체 수는 50개, FN=70개이다. 우리나라 섬진강, 낙동강, 남해안으로 흐르는 인접 하천과 도서 지방 하천에 분포하는 한국 고유종이다.

북방종개 *Iksookimia pacipica* (Kim, Park, and Nalbant, 1999)

전장 10 cm. 척추골 수 41~42개. 새파 수 15~17개. 머리와 미병부가 약간 납작하다. 수컷 가슴지느러미 기부 골질반은 삼각 모양으로 작다. 체측 상반부에 가로로 2열의 갈색 파상 줄무늬가 불연속적으로 미병부까지 이어지고, 하반부에는 U자 혹은 V자형 갈색 반점이 10~12개 종렬한다. 비늘은 비교적 작고 중앙 초점부가 크다. 하천 중상류 유속이 완만한 모래와 자갈이 혼합된 수역에서 수서곤충을 비롯한 소형 무척추동물을 주로 섭식한다. 산란기는 7월이며 염색체 수는 50개이다. 우리나라 강릉남대천 이북의 동해안으로 유입하는 하천에 분포하는 고유종이다.

부안종개 *Iksookimia pumila* (Kim and Lee, 1987)

전장 7 cm. 척추골 수 37~40개. 새파 수 14~15개. 소형으로 머리는 비교적 크고 납작하다. 몸 상반부에 10여 개의 넓은 폭의 갈색 횡반문이

있고 하반부에 5~10개의 갈색 횡반문이 배열한다. 수컷 가슴지느러미의 제2기조 말단은 새 부리처럼 길어지고 골질반은 세장형이다. 비교적 완만하게 흐르는 작은 하천의 모래와 작은 자갈이 혼합된 수역에서 부착조류와 수서곤충을 섭식한다. 산란기는 5~6월이며 염색체 수는 50개이다. 전라북도 부안 백천에 제한적으로 분포하는 한국 고유종으로 환경부 멸종위기 위급종이다.

동방종개 *Iksookimia yongdokensis* Kim and Park, 1977

전장 10~12 cm. 척추골 수 41~43개. 새파 수 13~14개. 수컷 가슴지느러미 제2기조 말단은 뾰족하고 골질반은 축소되어 작다. 체측 상반부 갈색 반점은 구름처럼 밀집하고 하반부에 9~13개의 넓은 폭의 갈색 횡

반문이 미병부까지 배열한다. 하천 중하류의 유속이 완만한 수역의 모래와 자갈이 혼합된 바닥에서 수서곤충과 부착조류를 섭식한다. 산란기는 6월이며 염색체 수는 100개이다. 우리나라 동해안으로 흐르는 형산강, 영덕오십천, 축산천, 송천천에 분포하는 한국 고유종이다.

미꾸리속 Genus *Misgurnus* La Cèpéde, 1803

미꾸리 *Misgurnus anguillicaudatus* (Cantor, 1842)

전장 10~17 cm. 척추골 수 42~46개, 새파 수 14~16개. 미병부는 약간 납작하고 윗입술의 세 번째 수염의 길이는 안경의 2.0~2.5배이다. 수컷 가슴지느러미 기부의 골질반은 둥근 모양이다. 몸은 노랑색 바탕에 등쪽은 청갈색, 배 쪽은 담황색으로 체측에 흑갈색 점이 산재한다. 꼬리지느러미 기부 상단에 흑색 반점이 있으며 진흙이 깔린 습지나 농수로에 산다. 산란기는 6~7월이며 염색체 수는 50개이다. 우리나라의 전국 담수역과 중국 및 일본에도 분포하며 식용으로 이용한다.

미꾸라지 *Misgurnus mizolepis* Günther 1888

전장 17~20 cm. 척추골 수 47~49개, 새파 수 19~22개, 미병부는 등과

배 쪽에 융기연이 발달하여 아주 납작하고 높다. 윗입술 마지막 수염은 안경의 4배이며, 수컷 가슴지느러미 기부 골질반은 직사각 모양이다. 몸은 황갈색 바탕에 등 쪽은 암청색, 배 쪽은 회백색이고 체측에 갈색 작은 점들이 밀집한다. 꼬리지느러미 기부 상단에 흑색 반점은 불분명하다. 하천 중하류 느리게 흐르는 펄 바닥이나 농수로에 산다. 산란기는 4~6월이며 염색체 수는 48개이다. 우리나라 전국 하천과 중국과 대만에 분포하며 마찬가지로 식용으로 널리 이용한다.

부포미꾸라지 *Misgurnus buphoensis* Kim and Park, 1995

전장 15 cm. 척추골 수 46~48. 새파 수 16~18. 윗입술 마지막 수염 길이는 안경의 2.5배이다. 수컷 가슴지느러미 기부의 골질반은 주걱 모양이다. 몸의 등 쪽은 남갈색을 띠면서 검게 보이며 체측에 벌레 모양의 우중충한 줄무늬가 있고 검은 반점이 산재한다. 북한 두만강 하류의 저수지나 흐름이 느린 펄 바닥에 살며 수서곤충과 유기물을 먹고 산다. 산란기는 6~7월경이며 염색체 수는 48개이고 두만강에서만 분포한다.

좀수수치속 Genus *Kichulchoia* Kim, Park, and Nalbant, 1999

좀수수치 *Kichulchoia brevifasciata* (Kim and Lee, 1995)

전장 5 cm. 척추골 수 43~45개. 새파 수 12~14개. 등지느러미 연조 수는 6개, 뒷지느러미 연조 수는 4개이다. 소형으로 눈은 작고 양안간격이 좁으며, 미병부가 짧고 높으며, 수컷 가슴지느러미에 골질반이 없다. 체측 상반부에 넓은 폭의 갈색 반점이 있고 하반부에는 13~19개 갈색의 기다란 횡반이 일정한 간격으로 미병부까지 배열한다. 등지느러미, 꼬리지느러미 기조에는 3열의 갈색 줄무늬가 있다. 작은 하천에서 빠르게 흐르는 수역의 자갈이 있는 바닥에서 주로 수서곤충의 유충을 섭식한다. 산란기는 4~5월이며 염색체 수는 48개이다. 전라남도 고흥반도와 거금도 및 여천군 금오도 하천에 분포한다. 환경부 멸종위기종이다.

수수미꾸리 *Kichulchoia multifasciata* (Wakiya and Mori, 1929)

전장 13 cm. 척추골 수 48~50개. 새파 수 18~20개. 등지느러미 연조 수는 6개, 뒷지느러미 연조 수는 4개이다. 두꺼운 입술에 주름이 발달하여 구엽을 이루며, 머리 측면에 흑갈색 반점이 많다. 등지느러미가 미병부 가까이에 있으며, 수컷 가슴지느러미에 골질반이 없다. 체측에 13~18개의 폭넓은 긴 횡반이 배열하며, 등지느러미와 꼬리지느러미에 2~3줄의 흑갈색 줄무늬가 있다. 하천 상류의 물이 차고 맑으며 유속이 빠르고 큰 자갈이 많이 깔린 바닥에서 주로 부착조류와 수서곤충을 섭식한다. 산란기는 4~5월경이며 염색체 수는 50개이다. 우리나라 낙동강 상류에만 분포하는 한국의 고유종이다.

새코미꾸리속 Genus *Koreocobitis* Kim, Park, and Nalbant, 1997

얼룩새코미꾸리 *Koreocobitis naktongensis* Kim, Park, and Nalbant, 2000

전장 16 cm. 척추골 수 45~47. 새파 수 13~14개. 몸은 노란색을 띠는 바탕에 작은 흑점들이 밀집하고 갈색 작은 반점이 체측과 등 쪽에 산재한다. 미병고가 비교적 높고 꼬리지느러미 가장자리는 반듯하며, 수컷 가슴지느러미 기부 골질반은 사각형 모양이다. 하천 상류의 빠르게 흐르는 수역에 있는 자갈과 큰 돌이 깔린 바닥에서 주로 수서곤충을 먹고

산다. 산란기는 5~6월이며 염색체 수는 밝혀지지 않았다. 우리나라 낙동강 중상류에만 분포하는 한국 고유종이다.

새코미꾸리 *Koreocobitis rotundicaudata* (Wakiya and Mori, 1929)

전장 16 cm. 척추골 수 48~49개. 새파 수 13~15개. 몸은 옅은 분홍색 바탕에 갈색 점이 밀집되었으나 얼룩새코미꾸리가 가진 흑갈색 반점은 없다. 미병고가 비교적 낮으며, 꼬리지느러미 가장자리는 둥근 모양이다. 수컷 가슴지느러미 기부 골질반은 둥글게 보인다. 하천 상류의 빠르게 흐르는 자갈 바닥에 살면서 주로 수서곤충을 섭식한다. 산란기는 5~6월이며 염색체 수는 50개이다. 우리나라 한강과 임진강 상류에 분포하는 한국 고유종이다.

참고문헌

고명훈. 한국산 미꾸리과 어류 기름종개 *Cobitis hangugensis*와 왕종개 *Iksookimia longicorpa* 사이 단성생식 2배체-3배체 복합집단의 생식기구. 전북대학교 대학원 박사학위논문. 2009. 160pp.

고명훈 · 박종영. 만경강 삼천에 서식하는 점줄종개 *Cobitis lutheri*의 성장과 산란생태. 한국어류학회지. 2011. 23: 158-162.

고명훈 · 이일로 · 방인철. 멸종위기어류 미호종개 *Cobitis choii* (Pisces: Cobitidae)의 분포양상 및 서식개체수 추정. 한국어류학회지. 2012. 24: 56-61.

국가생물다양성센터. 국가생물다양성 통계자료집(2019). 국립생물자원관. 인천, 디자인집. 2020. 330pp.

국립생물자원관. 한국의 멸종위기 야생동·식물 적색자료집(어류). 국립생물자원관. 2011. 202pp.

김소영 · 박종영 · 김익수. 미꾸리과 어류 동방종개 *Iksookimia yongdokensis*의 염색체. 한국어류학회지. 1999. 11(2): 172-176.

김익수. 한국산 기름종개(*Cobitis taenia* Linne)의 연구 1, 반문형과 지리적 분포에 관하여. 한국육수학회지. 1974. 7: 57-61.

김익수. 한국산 기름종개(*Cobitis taenia* Linne)의 연구 2, 이차성징에 관하여. 한국육수학회지. 1974. 7:49-55.

김익수. 한국산 기름종개속 어류의 계통분류와 분포. 중앙대학교 대학원 박사학위 청구 논문. 1980. 73pp.

김익수. 전주천 참종개 *Cobitis koreensis*의 생태. 한국생태학회지. 1978. 2: 9-14.

김익수. 왕종개 *Cobitis longicorpus*의 지리적 변이. 기초과학(전북대). 1981. 4:123-128.

김익수. 한국동식물도감 제37편 동물편(담수어류). 교육부, 연기. 1997. 629pp.

김익수 · 고명훈. 섬진강에 서식하는 왕종개 *Iksookimia longicorpa*(Cobitidae)의 생태. 한국어류학회지. 2005. 17: 112-122.

김익수 · 고명훈 · 박종영. 줄종개 *Cobitis tetralineata*(Pisces; Cobitidae)의 개체군 생태. 한국생태학회지. 2006. 29: 277-286.

김익수 · 박종영. 한국의 민물고기. 교학사. 2002. 465pp.

김익수 · 이금영. 한국산 점줄종개(*Cobitis lutheri*)와 줄종개(*C. striata*)의 분류학적 연구. 한국동물학회지. 1988. 4: 91-102.

김익수 · 이완옥. 백천에 서식하는 참종개 *Cobitis koreensis* KIM 개체군의 형태와 생태. 한국생태학회지. 1984. 7: 10-20.

김익수 · 이완옥. 섬진강의 유로변경이 동진강 어류군집에 미치는 영향. 한국수산자원학회지. 1984. 17: 549-556.

김익수 · 이은희. 수수미꾸리의 초기 발생에 관한 연구. 한국육수학회지. 1995. 4: 455-462.

김익수 · 이지현. 한국 남부지방에 서식하는 기름종개속(*Cobitis*) 어류의 핵형 비교. 한국수산자원학회지. 1986. 19: 257-264.

김익수 · 정만택. 한국산 점줄종개 *Cobitis taenia lutheri*의 계절적 반문변이. 한국생태학회지. 1988. 11: 77-82.

김익수 · 최윤 · 이충렬 · 이용주 · 김병직 · 김지현. 한국어류대도감. 교학사. 2005. 613pp.

김종범 · 김재흡 · 양서영. 왕종개 *Cobitis longicorpus*(Pisces: Cobitidae) 골질반의 지리적 변이에 관하여. 한국동물학회지. 1991. 34: 103-109.

김홍석. 우해이어보와 자산어보의 연구. 한국문화사. 2008. 249pp.

박병상 · 김재흡 · 김종범 · 양서영. 한국산 *Cobitis*속 어류(Pices: Cobitidae)의 계통분류학적 연구 Ⅱ. 왕종개(*Cobitis longicorpus*)의 지리적 변이. 한국동물학회지. 1991. 34: 585-593.

박인석. 미꾸리와 미꾸라지의 잡종 및 잡종3배체에 관한 연구. 부산수산대학교 대학원 박사학위논문. 1992. 84pp.

박종영. 한국산 미꾸리과(Cobitidae) 어류의 생식소에 관한 형태학적 연구. 전북대학교 대학원 박사학위논문. 1996. 129pp. 7pls.

변화근. 내린천에 서식하는 새코미꾸리 *Koreocobitis rotundicaudata*(Cobitidae)의 생태. 한국어류학회지. 2007. 16: 299-305.

샌드라 포스텔(Sandra Postel) · 브라이언 릭터(Brian Richter) 지음. 최동진 옮김. 생명의 강(River for Life). 뿌리와 이파리. 2009. 350pp.

손영목 · 김익수. 프랑스 국립자연사박물관에 소장된 *Cobitis sinensis* 표본에 관한 조사연구. 한국어류학회지. 2002. 14: 240-244

오민기. 논 환경변화에 따른 미꾸라지 *Misgurnus mizolepis*(Cobitidae)의 호흡체계에 관한 연구. 전북대학교 대학원 박사학위논문. 140pp.

이은희. 기름종개속 어류 *Cobitis sinensis-longicorpus* complex의 교잡 실험을 통한 단성생식 양상에 관한 연구. 전북대학교대학원 박사학위논문. 1995. 92pp.

이지현. 한국산 기름종개속(*Cobitis*) 어류의 단성집단의 계통에 관한 연구. 전북대학교대학원 박사학위논문. 1992. 109pp.

이현실. 한국산 기름종개속(*Cobitis*) 어류의 염색체 분석. 인하대학교 박사학위청구논문. 1988. 100pp.

이혜영 · 이현실 · 박창신. 한국산 기름종개속 전종의 핵형 분석 및 지리적 분포에 따른 다형현상. 한국유전학회지. 1986. 8: 65-74.

이흥헌. 감돌고기속(*Pseudopungtungia*)과 돌고기속(*Pungtungia*) 어류의 번식전략. 군산대학교 박사학위논문. 2011. 132pp.

정문기. 한국동물도감(어류). 문교부. 1961. 86pp.

정문기. 한국어도보. 일지사. 1977. 727pp.

정문기. 한국어보. 상공부. 1954. 517pp.

채병수 · 송호복 · 박종영. 야외원색도감 한국의 민물고기. LG상록재단. 2019. 356pp.

최기철. 민물고기를 찾아서. 한길사. 1991. 396pp.

최기철. 민물고기 이야기. 한길사. 1991. 331pp.

최기철. 경기의 자연(담수어편). 경기도 교육위원회. 1985. 362pp.

최기철 · 이원규. 우리 민물고기 백 가지. 현암사. 1994. 532pp.

최기철 · 전상린 · 김익수 · 손영목. 원색한국담수어류도감. 향문사. 1980. 277pp.

최준길 · 변화근. 연곡천에 서식하는 북방종개 *Cobitis pacifica*(Cobitidae)의 생태적 특성. 한국하천호수학회. 2009. 42: 26-31.

한국수자원공사. 우리가람 길라잡이. 한국수자원공사 조사기획처. 2007. 579pp.

홍양기·양현·방인철·자호천에 서식하는 멸종위기어류 얼룩새코미꾸리 *Koreocobitis naktongensis*(cobitidae)의 서식환경과 번식, 섭식생태. 한국어류학회지. 2011. 23(3): 234-241.

환경부. 야생생물 보호 및 관리에 관한 법률(법률 제18171호). 2017.

內田惠太郎. 朝鮮魚類誌.1. 絲顎類, 內顎類. 朝鮮總督府水産試驗場. 1939. 458pp. 47Pls.

Berg, L. S. Freshwater fishes of the U. S. S. R. and adjacent countries. Vol. II. Academy of Sciences of U.S.S,R. Zoological Institute. 1949. 1-466. (Islael Program for Scientific Tanslations Jerusalem 1964).

Bogutskaya, N. G. Naseka, A. M., Shedko, S. V., Vasil'eva, E. D., and Chereshnev, I. A. The fishes of the Amur River: updated check-list and zoogeography. Ichthyol. Explor. Freshwaters. 2008. 19(4): 301-366.

Dawley, R. M. An introduction to unisexual vertebrates. In: Evolution and ecology of unisexual vertebrates. R.M. Dawley and J.P. Bogart (eds). Bulletin 466, New York, USA, 1989. 1-11.

Goddard, K. A., R. M. Dawely and T.E. Dowling. Origin and genetic relatonships of diploid, triploid, and diploid-triploid mosaic biotypes in the *Phoxinus eos-neogaeus* unisexual complex. In: Evolution and ecology of unisexual vertebrates. R.M. Dawley and J.P. Bogart (eds). Bulletin 466, New York, USA, 1989. pp. 268-280.

Günther, C. Contribution to our knowledge of the fishes of the Yangtze-Kiang. Ann. Mag. Nat. Hist., Ser. 1888. 6. I(6): 429-435.

ICZN(International Code of Zoological Nomenclature). International code of zoological nomenclature. Fourth edition. International Trust for Zoological Nomenclature, London. 1999. xxx+306pp.

IUCN(International Union Conservation of Nature). IUCN Red List Categories and Criteria: Version 3.1. IUCN Species Survival Comission. IUCN, Gland, Switzerland and Cambridge, U.K. 2001. ii+30pp.

Jeon, Y. S. Morphological variation and population genetic structure of the Nalbant's spined loach, *Cobitis nalbanti.*, Master thesis of Ewha Univ. Korea. 2017. 54pp.

Jordan, D. S. and C. W. Metz. A catalogue of the fishes known from waters of Korea. Mem. Carn. Mus. 1913. 6: 1-56.

Jordan, D. S. and E. C. Starks. On an collection of the fishes made in Korea, by Pierre Louis Joy, with descriptions of new species. Proceedings U.S. Nat. Mus., 28. 1905. 139: 193-212.

Kim, I. S. A new species of cobitid fish from Korea (*Cobitis koreensis*). Korean J. Lim., 1975. 8: 51-57.

Kim, I. S. Systematic studies on the fishes of the family Cobitidae (Order Cypriniformes) in Korea. I. Three unrecorded species and subspecies of the genus *Cobitis* from Korea. Korean J. Zool. 1980. 23: 239-250.

Kim, I. S. A review of the spined loaches, family Cobitidae (Cypriniformes) in Korea. Korean J. Ichthyol. 2009. 21 (supplement): 7-28.

Kim, I. S. and E. J. Kim. Karyotype of dwarf loach, *Kichulchoia brevifasciata* (Pisces: Cobitidae) from Korea. Korean J. Ichthyol. 2008. 20: 61-65.

Kim, I. S. and E. H. Lee. Hybrization experiment of diploid-triploid cobitid fishes, *Cobitis sinensis-longicorpus* complex (Pisces : Cobitidae). Folia Zool. 2000. 49: 17-22.

Kim, I. S. and J. Y. Park. Sex ratios and hermaphroditism of *Cobitis lutheri* (Pisces, Cobitidae) from Korea. Korean J. Ichthyol. 1992. 4: 72-76.

Kim, I. S. and J. Y. Park. *Iksookimia yongdokensis*, a new cobitid fish (Pisces: Cobitidae) from Korea with a key to the species of *Iksookimia*. Ichthyological Research, 1997. 44: 249-256.

Kim, I. S., J. Y. Park, and T. T. Nalbant. Two new genera of loaches (Pisces,

Cobitidae, Cobitinae) from Korea. Trav. Mus. Hist. Nat. "Grigore Antipa", 1997. 39: 343-379.

Kim, I. S., J. Y. Park, and T. T. Nalbant. The far east species of the genus *Cobitis* with the description of three new taxa (Pisces: Ostariophysi: Cobitidae). Trav. Mus. natl. Hist. nat. "Grigore Antipa", 1999. 41: 373-391.

Kim, I. S., J. Y. Park and T. T. Nalbant. A new species of *Koreocobitis* from Korea with a redescription of K. *rotundicaudata*. Korean J. Ichthyol. 2000. 12: 89-95.

Kim, I. S., J. Y. Park, Y. M. Son and T. T. Nalbant. A review of the loach, genus *Cobitis* (Teleostomi: Cobitidae) from Korea, with the description of a new species *Cobitis hankugensis*. Korean J. Ichthyol. 2003. 15: 1-11.

Kim, I. S., K. C. Choi, and T. T. Nalbant. *Cobitis longicorpus*, a new cobitid fish from Korea. Korean J. Zool. 1976. 19: 171-179.

Kim, I. S. and W. O. Lee. A new subspecies of cobitid fishes (Pisces, Cobitidae) from Paikcheon stream, Cheollabuk-do, Korea. Korean J. Syst. Zool. 1987. 3: 57-62.

Kim, I. S. and W. O. Lee. *Niwaella brevifasciata*, a new cobitid fish (Cypriniformes: Cobitidae) with a revised key to the species of *Niwaella*. Japan J. Ichthyol. 1995. 42: 285-290.

Kim, I. S. and M. T. Jeong. *Cobitis sinensis* (Pisces, Cobitidae) from the Nakdong River, Korea. Korean J. Zool. 1987. 39: 71-78.

Kim, I. S. and Y. M. Son. *Cobitis choii*, a new cobitid fish from Korea. Korean J. Zool. 1984. 27: 49-55.

Kim, J. H. and J. Y. Yang. Systematic studies of the genus *Cobitis* (Pisces: Cobitidae) in Korea Ⅳ. Introgressive hybridization between two spined loach subspecies of the genus *Cobitis*. Korean J. Zool. 1993. 36: 535-544.

Kitagawa, T., Jeon, S. R., Kitagawa, E., Yoshihoka, M., Kashiwagi, M., and Okazaki, T. Genetic relationships among the Japanese and Korean striated spined loach complex (Cobitidae, cobitis) and their phylogenetic positions. Ichthyological Research. 2005. 52: 111-122.

Kottelet, M. Conspectus Cobitidium: An inventory of the loaches of the world (Teleostei: Cypriniformes: Cobitoidei). The Raffles Bulletin of Zoology. 2012. 26: 1-199.

Kottelat, M. and J. Freyhof. Handbook of European Freshwater Fishes. Publications Kottelat. 2007. 646pp.

Kwan, Y. S. Molecular phylogenetic and population genetic studies of the frewater fish family Cobitidae (Teleostei: Cypriniformes) in Korea. Doctoral thesis of Ewha Univ., Korea. 2015. 150pp.

Kwan, Y. S., D. Kim, M. H. Ko, W. O. Lee, and Y. J. Won. Multi-locus phylogeneic analyses support the monophyly and the Miocene diversification of *Iksookimia* (Teleostei: Cypriniformes, Cobitidae). Systematics and Biodiversity. 2017. 1-8.

Kwan, Y. S, Ko, M. H, Won Y. J. Genomic replacement of native Cobitis lutheri with introduced C. tetralineata through a hybrid swarm following the artificial connection of river systems. Ecology and Evolution. 2014. 4: 1451-1465.

La Cèpéde. Histoire naturelle des poissons. Paris. 5. 1803: xlviii+803pp. 261pls.

Lindberg G. U. Large-scale fluctuations of sea level in the Quaternary period: Hypothesis based on biogeographical evidence. Nauka, Leningrad. 1972. 548pp. (in Russian)

Linnaeus, C. Systema Naturae per Regna Tria Naturae, Tomus I. Editio Decimata. Laurentius Salvius, Holmiae. 1758. 842pp.

Lovelock, James E. Gaia: A new Look at life on Earth. New York. Oxford University Press. 1979. 157pp.

McAllister, D. E., Hamilton, A. W. Harvey, B. Global freshwater biodiversity: Striving for the integrity of freshwater ecosystems. Sea wind 11(3). 1997. 140pp.

Mori, T. Studies on the geographical distribution of freshwater fishes in Korea. Bull. Biogeo. Soc. Jap., 1936. VI: 31-61.

Mori, T. Check list of the fishes in Korea. Mem. Hyogo Univ. Agr. 1(3) Bio. ser. No. 1. 1952. 228pp.

Nakajima, J. Taxonomic study of the *Cobitis striata* complex (Cypriniformes, Cobitidae) in Japan. 2012. Zootaxa 3586: 103-130.

Nalbant, T. T. A study of the genera of Botiinae and Cobitinae (Pisces, Ostariophysi, Cobitidae). Trav. Mus. Hist. Nat. Grigore Antipa. 1963. 4: 343–375.

Nalbant, T. T. Some problems in the systematics of the genus *Cobitis* and its relatives (Pisces, Ostariophysi, Cobitidae). Rev. Roum. Biol. (Biol. Anim.), 1993. 38: 101-110.

Nalbant, T. T. Rab, P., Bohlen, J., and Saitoh, K., Evolutionary success of the loaches of the genus *Cobitis* (Pisces: Ostariophysi: Cobitidae). Trav. Mus. Hist. Nat. Grigore Antipa. 2001. 43: 277-289.

Nelson, J. S, Terry C. Grande, and Mark V.H. Wilson. Fishes of the World. 5th ed. John Wiley & Sons, Inc., 2016. 707pp.

Nichols, J. T. The fresh-water fishes of China. Natural history of Central Asia. Vol. 4. 1943. 196-233.

Nishimura, S. History of Japan sea: approach from biogeography. 1974. p. 100. Tsukiji-Shokan, Tokyo. (in Japanese)

Park, J. Y. and I. S. Kim. Adhesive membranes of egg in five cobitid species of *Iksookimia* (Pisces: Cobitidae). Korean J. Zool. 1996. 39: 419-425.

Park, J. Y., I. S. Kim and M. H. Ko. Characteristics of rare males in the cobitid unisexual compex, *Cobitis hankugensis-Iksookimia longicorpa*. Folia Zool. 2011. 4: 290-294.

Perdices, A., Vasil'ev, V. and Vasil'eva E. Molecular phylogeny and intraspecific structure of loaches (genera *Cobitis* and *Misgurnus*) from the Far East regeon of Russia and some conclusions on their systematics. Ichthyol. 2012. Res. 59: 113-123.

Regan, C. T. The classification of the Teleostean fishes of the order Ostariophysi. I. Cyprinoidea. Ann. Mag. nat. Hist. 1911. (8) *: 13-32, figs1-2, 1pl.

Rendahl, H. Eine paar neue unterarten von *Cobitis taenia*, Mem. Soc. Fauna Flora. Fenn. 1935. 10: 330-336.

Sawada, Y. Phylogeny and zoogeography of the superfamily Cobitoidea (Cyprinoidei, Cypriniformes). Mem. Fac. Fish. Hokkaido Univ. 1982. 25: 65-223.

Sawada, Y. and I. S. Kim. Transfer of *Cobitis multifasciata* to the genus *Niwaella* (Cobitidae). 1977. Jap. J. Ichthyol. 24(3): 155-160).

Slechtová, V., J. Bohlen and A. Perdices. Molecular phylogeny of the freshwater fish family Cobitidae (Cypriniformes: Teleostei): Delimitation of genera, mitochondrial introgression and evolution of sexual dimorphism. Mol. Phylogenet. Evol. 2008. 47: 812–831.

Song, H. Y. and I. C. Bang. Coreoleuciscus aeruginos(Teleostei : cyprinidae), a new species from the Seomjin and Nakdong rivers, Korea. 2015. Zootaxa. 3931: 140-150.

Vasil'eva, E. D., Kim, D. M., Vasil'ev, V. P., Ko, M. H., and Won, Y. J. *Cobitis nalbanti*, a new species of spined loach from South Korea and redescription of *Cobitis lutheri* (Teleostei: Cobitidae). Zootaxa. 2016. 4206(6): 577-591.

Vasil'ev, V. P. and Vasil'eva, E. D. Comparative karyological analysis of mud loach and spined loach species (c genera *Misgurus and Cobitis*) from the Far East region of Russia. Folia Zoologica. 2008. 57(1-2)51-59.

Vladykov, V. D. Secondary sexual dimorphism in some Chinese cobitid fishes. J. Morph. 1935. 57: 275-302.

Wakiya, Y. and T. Mori. On two new species of the genus *Cobitis* from Corea. J. Choson Nat. Hist. 1929. Soc., 9: 31-33.